菜根谭

卷四

〔明〕洪应明 著
史晓东 编译

清刻本菜根谭

菜根谭序

戊子之秋，七月既望，余以抱病在山，禁足阅藏。适岫云琮公由京来顾，出所刻《菜根谭》命予为序。

于是公自言其略曰：

来琳初受近圆，即诣西方讲社，听教于不翁老人。参请之暇，老人私诫曰：大德聪明过人，应久在律席，调伏身心，遵五夏之制，熟三聚之文，为菩提之本，作定慧之基。何急急以听教为哉？居未几，不善用心，失血莫医。自知法缘微薄，辞翁欲还岫云。翁曰：善！察尔因缘在彼，当大有振作，但恐心为事役，不暇研究律部。吾有一书，首题《菜根谭》，系洪应明著。其间有仁语义语、持身涉世、隐逸显达、迁善介节、禅机旨趣、学道见道等语。词约意明，文简理诣。设能熟习而励行之，其于语默动静之间，穷通得失之际，可以补过，可以进德，且近于律亦近于道矣。今授于汝，宜知珍重。尔时虽敬诺拜受，究不谕其为药石意也。

洎回岫云，历理常住事务，俱忝要职。当空花之在前，元由眼翳而莫辨；认水月以为实，本属天影而不知。由是心被景迁，神为力耗，不觉酿成大病，幸未及于尽耳。既微瘥，间无以解郁，因追忆往事，三复此书。乃悟从前事事皆非，深有负于老人授书时之心焉。惜是书行世已久，纸朽虫蠹，原板无从稽得，俾见闻读诵者身体力行，于是命工缮写，重付枣梨。请弁言于首，启迪天下后世，勿使如来琳老方知悔，徒自惭伤，是所望也。

余闻琮公之说，抚卷叹曰：夫洪应明者，不知为何许人，其首命名题又不知何所取义，将安序哉？窃

菜根谭

拟之曰：菜之为物，日用所不可少，以其有味也。但味由根发，故凡种菜者必要厚培其根，其味乃厚。似此书所说，世味及出世味皆为培根之论，可弗重欤？又古人云：性定菜根香。夫菜根，弃物也，而其香非性定者莫知。如此书，人多忽之，而其旨唯静心沉玩者方堪领会。是欤？否欤？既不能反质于原人，聊将以俟教于来哲。即此为序。

时乾隆三十三年中元节后三日，三山通理达天谨识

菜根谭

修省

【原文】

一 欲做精金美玉①的人品，定从烈火中煅来；思立掀天揭地②的事功，须向薄冰上履过。

【注释】

①精金美玉：精纯的金子，无瑕的玉石，这里指人品纯洁。②掀天揭地：能够撼动天地，形容声势非常浩大。

【译文】

想要成就纯金美玉般的人格品行，一定要经历烈火的锤炼；想要建立惊天动地的功绩，就一定要行事谨慎，像在薄冰上走路一样慎重。

【原文】

二 一念错，便觉百行①皆非，防之当如渡海浮囊②，勿容一针之罅漏③；万善全，始得一生无愧，修之当如凌云宝树④，须假众木以撑持。

【注释】

①百行：各种行为。②浮囊：渡水用的气囊。③罅漏：裂缝和漏穴。④凌云宝树：凌云，高耸入云。宝树，指七宝之树，即极乐世界中以七种珍宝合成的树木，不同时期的七宝也各有不同。

【译文】

一时的想法错了，便觉得自己的所作所为全错了，防止差错就像渡海用的气囊，不允许有一个针尖儿孔洞；各种好事全都做过，才能够一生无愧无悔，因此需要努力修行，就像高耸入云的七宝之树一样，需要凭借很多别的树木的支撑和护持。

【原文】

三　忙处事为，常向闲中先检点，过举①自稀。动时念想，预从静里密操持，非心自息。

【注释】

① 过举：过分的举动，错误的行为。

【译文】

匆忙之中的所作所为，经常用空闲时间事先检查审视，错误的举动自然就少了；行动时的意念想法，预先在安静时缜密地筹划，错误的想法自然就停息了。

【原文】

四　为善而欲自高胜人，施恩而欲要名①结好，修业而欲惊世骇俗，植节而欲标异见②奇，此皆是善念中戈矛，理路③上荆棘，最易夹带，最难拔除者也。须是涤尽渣滓，斩绝萌芽，才见本来真体④。

菜根谭

【注释】

① 要名：「要」同「邀」，求取名声。② 见：同「现」。③ 理路：通向天理之路。④ 真体：真心。

【译文】

做了善事又想要抬高自己，施给别人恩惠又想求取名声结下人缘，建立功业想要震惊世界，树立气节想要标榜自己，这些都是善念中隐藏的戈矛、道路上的荆棘，是最容易夹杂在人心之中、最难去除的东西。只有涤清所有私心杂念，斩断萌芽，才能显现真心。

【原文】

五　能轻富贵，不能轻一轻富贵之心；能重名义，又复重一重名义之念。是事境之尘氛未扫，而心境之芥蒂①未忘。此处拔除不净，恐石去而草复生矣。

【注释】

① 芥蒂：本指细小的梗塞物，后比喻心里的不满或不快。

【译文】

能轻视富贵，却放不下不要轻视高贵的念头；能看重名义，却又更看重追求名义之念。这是因为处理事情的时候内心的一些杂念还没有扫除，心里还存有私情杂念。这些障碍就像石头下的杂草一样，如果不清除干净，一旦将石头搬走，杂草就复生了。

六

【原文】

纷扰固溺志之场，而枯寂亦槁心之地。故学者当栖心玄默[1]，以宁吾真体；亦当适志恬愉，以养吾圆机[2]。

【注释】

①玄默：清净无为。②圆机：比喻超脱是非，不为外物所拘牵。

【译文】

纷繁骚扰固然是让心志沉溺的场所，而枯燥寂寞也是耗尽心气的地方。所以做学问的人应当寄心于清净无为中，让自己的心安定下来，也应该适当让自己在快乐中舒适自得，提高自己的修行。

七

【原文】

昨日之非不可留，留之则根烬复萌，而尘情[1]终累乎理趣[2]；今日之是不可执，执之则渣滓未化，而理趣反转为欲根[3]。

【注释】

①尘情：世俗观念。②理趣：玄妙理论中包含的旨趣。③欲根：欲望之根。

【译文】

对于过去的错误不可以留，留下它，残根余烬就会萌芽、抽枝、死灰复燃，那样的话，尘俗之情终会累及思理情致；对于现在的正确观点不可以太执着，过于执着，沉渣余滓就会顽固难消，不能涤除，那样

菜根谭

的话，思理情致反而转变为欲望的根苗。

[原文]

八　无事便思有闲杂念想否，有事便思有粗浮意气否，得意便思有骄矜辞色否，失意便思有怨望情怀否。时时检点，到得从多入少、从有入无处，才是学问的真消息①。

[注释]

①消息：机关上控制开关的枢纽，引申为关键。

[译文]

人在没事的时候，要想想有没有闲杂的想法念头；有事情的时候，就要想想自己办事的时候有没有粗心大意、心浮气躁、意气用事；心满意足的时候，要反思一下自己有没有露出骄傲自满的样子；不得志的时候，就要想想自己心里是否有怨恨的情绪。这样随时检查自己的心境，等到那些不好的想法从多变少、从有到无的时候，才达到做学问真正的关键之处。

[原文]

九　士人有百折不回之真心，才有万变不穷之妙用。

[译文]

读书人要有遇到百般挫折也不放弃的坚定心志，才会成就克服各种困难的本领。

【原文】

一〇 非盘根错节①,何以别攻②木之利器;非贯石饮羽③,何以明射虎之精诚;非颠沛横逆,何以验操守之坚定。

【注释】

①盘根错节:树木的根盘曲,枝节交错。②攻:砍伐,治理。③贯石饮羽:据《史记·李将军列传》载:李广出猎,见草中石,以为是虎,引箭射之,羽箭竟射穿石头。

【译文】

如果不是树根盘曲、枝节交错的树木,怎能辨别砍伐树木的工具是不是锋利?如果不是羽箭射穿了石头,怎么明了将军射虎时的全神贯注?如果没有颠沛流离的生活和生活中的厄运,怎能检验一个人的操守是不是坚定呢?

【原文】

一一 立业建功,事事要从实地着脚,若少慕名闻①,便成伪果②;讲道修德,念念要从虚处立基,若稍计功效,便落尘情。

【注释】

①名闻:名誉。②伪果:学佛之人,精修有道,谓之正果。与正果相对的就是伪果。

【译文】

在建立功业的时候，做任何事情都要实事求是，踏踏实实，如果稍稍贪慕名声，那修的就不是正果；讲求道义、修养德行的时候，时刻想着要从虚处出发，如果有一点计较这样做能得到什么，就会落入凡俗的境界了。

一二 身不宜忙，而忙于闲暇之时，亦可儆惕惰气；心不可放，而放于收摄①之后，亦可鼓畅②天机③。

【注释】

① 收摄：管束，收聚。② 鼓畅：激发而使之顺遂其性。③ 天机：天赋纯正的本性。

【译文】

人的身体不应该太忙碌，但如果是在闲暇的时候忙碌一下，就可以提醒自己不要产生懒惰的习气；人的内心不可以放松，但如果是在被管束以后放松一下，就能够张弛有度，激发纯正的天性。

【原文】

一三 钟鼓体虚，为声闻①而招击撞；麋鹿性逸，因豢养而受羁縻②。可见名为招祸之本，欲乃散志之媒。学者不可不力为扫除也。

【注释】

① 声闻：发出响声。② 羁縻：表示用皮革制成的网络来把马络住，这里指约束、束缚。

【译文】

钟鼓的里面是空的，为了发出响声让人知道自己才招来击打碰撞；麋鹿的天性是自由自在的，因为被人驯养就要受到约束。由此可见，有时名声是招来祸患的根源，欲望是毁灭心志的媒介。做学问的人不能不努力扫除名声和欲望的障碍啊！

【原文】

一四　一念常惺①，才避去神弓鬼矢；纤尘不染，方解开地网天罗。

【注释】

① 惺：静而不寐之状。

【译文】

只有头脑时刻清醒，才能避开那些明枪暗箭；什么污浊都不沾染，才能不被生活的罗网束缚。

【原文】

一五　一点不忍的念头，是生民生物之根芽；一段不为①的气节，是撑天撑地之柱石。故君子于一虫一蚁不忍伤残，一缕一丝勿容贪冒，便可为万物立命、天地立心②矣。

菜根谭

【注释】

① 不为：指『有所为有所不为』，有的事是必须做的，有的事又是绝对不可以做的。② 『立心』句：出自北宋大儒张载：『为天地立心，为生民立命，为往圣继绝学，为万世开太平。』

【译文】

一点不忍为害的念头是供养人民、生长万物的根源；一段『有所为有所不为』的气节，是能够顶天立地撑起一切的保障。所以君子不忍心伤害一只小虫，也不会贪图小便宜，这样就可以为造福万物而修身养性，以奉天命，也可以在天地之间树立良好的道德规范。

一六　拨开世上尘氛，胸中自无火炎冰兢①；消却心中鄙吝，眼前时有月到风来。

【注释】

① 火炎冰兢：比喻强烈的争逐与极度的恐惧。

【译文】

拨开世间的尘俗迷雾，心中就不会有如蹈烈火的严酷斗争和如履薄冰的戒惧谨慎；放下心里各种不舍的东西，就会觉得豁然开朗，清风明月，时时来到眼前。

菜根谭

一七

【原文】

穷理尽妙，钩深出重渊①之鱼；进道忘劳，致远乘千里之马。

【注释】

① 重渊：深潭。

【译文】

世间的事理深奥难懂，必须经过认真推究，才能悟得其中的深意，就像深渊中的游鱼，只有用长的鱼钩才能够钓出；在前进的道路上，保持心态悠然，远行就会像骑着千里马，人生的旅途一定会潇洒自在。

一八

【原文】

学者动静殊操、喧寂异趣，还是锻炼未熟、心神混淆故耳。须是操存涵养，定云止水中，有鸢飞鱼跃的景象；风狂雨骤处，有波恬浪静的风光，才见处一化齐①之妙。

【注释】

① 处一化齐：意思是说无论在何种情况下，行为举止都不发生变化。

【译文】

修学之人，如果因为情势或动荡或宁静，行为操守就有所不同；环境或喧嚣或寂寥，宗旨意趣就发生变化，仍是因为所受的磨炼还不够，心志精神还存在混杂错乱的缘故。所以必须加强修养，在平静的时候，能看到鸟飞鱼跳、万物都顺应规律的景象；在狂风暴雨的时候，能够体味风平浪静的风光，这样才能领悟

菜根谭

外界万般变化，我心始终如一的妙境。

【原文】

一九　心是一颗明珠。以物欲障蔽之，犹明珠而混以泥沙，其洗涤犹易；以情识①衬贴②之，犹明珠而饰以银黄③，其涤除最难。故学者不患垢病，而患洁病之难治；不畏事障，而畏理障④之难除。

【注释】

①情识：指情欲。②衬贴：陪衬。③银黄：白银和黄金。④事障、理障：佛教称阻碍圣道的烦恼叫作障。事障，即贪、嗔、痴等，能使生死相续。理障，谓由邪见等理惑障碍真知、真见，后也指诗作陷于说理而少情趣的现象。

【译文】

人心像一颗明亮的珍珠。如果用物质享受的欲望遮蔽心灵，就好像把明珠混在泥沙中，洗涤起来还算得上容易；假如用才情识见遮蔽心灵，就好像明珠上装饰了黄金和白银，洗涤起来就比较困难了。所以做学问的人不怕污秽，而担心洁净无尘的毛病难以医治；不怕行为上的错误，就怕思想上的错误。

【原文】

二〇　躯壳之我要看得破，则万有①皆空而其心常虚，虚则义理来居；心性之我要认得真，则万理皆备而其心常实，实则物欲不入。

【注释】

① 万有：宇宙间的一切。

【译文】

作为一个有『躯壳』的人，我们对一切都要看得开，认识到万物皆空，这样的话义理就会充满心灵；作为一个有『心性』的人，我们做事要认真，领悟了各种道理心就充实了，这样就不会再受到物欲的侵入了。

二、面上扫开十层甲①，眉目才无可憎；胸中涤去数斗尘②，语言方觉有味。

【注释】

① 十层甲：甲，指惭颜、愧色。② 数斗尘：比喻蒙蔽心智的种种欲念。

【译文】

现在的人要除去脸上层层的伪装，才会让人觉得不再面目可憎；心里的种种杂念都洗涤干净了，说出的话才觉得有趣味。

【原文】

二三 完得心上之本来①，方可言了心；尽得世间之常道②，才堪论出世③。

菜根谭

① 了心：使心了悟。② 常道：永恒的道。③ 出世：脱离世俗社会。

【译文】

完全认识到自己的本来面目，才能够说心了悟了；对世间的道理理解透彻了，才能够谈一谈出世之道。

二三 **我果为洪炉大冶**①**，顽金钝铁何患不可陶镕。我果为巨海长江，横流污渎何患不能容纳。**

【注释】

① 烘炉大冶：烘炉，大熔炉。大冶，高明的锻造工。

【译文】

如果我是冶炼大师，有大的熔炉和技术高明的工匠怎么会担心坚硬的金属和铁矿不能够熔炼呢？如果我像大海和长江那么浩瀚，怎么会担心横溢的河流、污浊的沟渠不能被包容接纳呢？

二四 **白日欺人，难逃清夜之愧赧；红颜失志，空贻皓首之悲伤。**

【译文】

一个人白天欺负别人，夜深人静的时候终究难逃良心的谴责，年轻的时候不为自己的志向努力，到了老的时候，就会徒然悲伤却毫无办法。

【原文】

二五 以积货财之心积学问，以求功名之念求道德，以爱妻子之心爱父母，以保爵位之策保国家，出此入彼，念虑只差毫末，而超凡入圣，人品且判星渊①矣。人胡不猛然转念哉！

【注释】

①星渊：比喻高下悬殊。

【译文】

拿着积蓄财物的心思来做学问，用求取功名的努力来提高自己的道德修养，像爱惜妻子儿女一样爱惜父母，用维护自己爵位的谋略来维护国家，从这一步走到那一步，想法只差一点点，但是能做到的就超出一般人了，人品更是有天壤之别。人们为什么不赶紧转变想法呢？

【原文】

二六 立百福之基，只在一念慈祥；开万善之门，无如寸心挹损①。

【注释】

①挹损：『挹』同『抑』，抑制欲念。

菜根谭

【译文】

建立多福的源头，只因为当初一瞬间仁慈的念头；做很多的善事，不如从心里抑制欲念。

【原文】

二七 恣口体①，极耳目②，与物镌铄③，人谓乐而苦莫大焉。隳形骸④，泯心智，不与物伍，人谓苦而乐莫至焉。是以乐苦者，苦日深；苦乐者，乐日化⑤。

【注释】

① 恣口体：恣，放纵。口体，指吃穿享受。
② 极耳目：极尽耳目声色之享受。
③ 镌铄：留恋不舍。
④ 隳形骸：毁坏形体。
⑤ 化：生出。

【译文】

放纵自己讲究吃穿，享受声色，喜好财物，人们认为这样是快乐的，实际上这是最大的苦。因为守各种戒律毁坏了自己的身体，消泯了自己的心智，穷困潦倒，人们认为这样很辛苦，实际上这是莫大的快乐。因此把放纵自己当作快乐的人受的苦将会越来越多；把约束自己当作快乐的人，快乐会一天天地慢慢萌发。

【原文】

二八 塞得物欲之路，才堪辟道义之门；驰得尘俗之肩，方可挑圣贤之担。

【译文】

堵住享受物欲的道路，才能够开辟通往道义的大门；放下肩膀上俗世的担子，才能挑得起超凡入圣的重任。

二九

【原文】

融得性情上偏私，便是一大学问；消得家庭内嫌隙，便是一大经纶。

【译文】

一个人能够把自己性格中的缺点改正，这是一门很大的学问；假若能够把家里的矛盾消除掉，那更是有大才能了。

三〇

【原文】

功夫自难处做去者，如逆风鼓棹①，才是一段真精神；学问自苦中得来者，似披沙获金②，才是一个真消息。

【注释】

①鼓棹：奋力划桨。②披沙获金：沙里淘金，比喻多中取精。

【译文】

那些做难做的事情的人，就像迎着风在奋力划桨，这才是真正做事的精神；那些通过苦学而获得学问的人，就像在沙里淘金一样，努力才是做学问真正的要诀。

【原文】

三一　执拗者福轻，而圆融之人，其禄必厚；操切者寿夭，而宽厚之士，其年必长。故君子不言命，养性即所以立命；亦不言天，尽人①自可以回天。

【注释】

①尽人：充分发挥自己和他人的才能。

【译文】

性格执拗的人，福气就少，那些通达融通的人，福禄必定很丰厚；急躁严苛的人，往往会短命，那些宽厚待人的人，寿命很长。所以君子不说命运，调养精神和修身养性就是把握自己的命运；也不说寿命长短，竭尽所能就可以挽回一切。

【原文】

三二　才智英敏者，宜以学问摄其躁；气节激昂者，当以德性融其偏。

【译文】

才华横溢、聪敏的人，应该修身养性，收敛性格上的急躁；志气勃发的人，应该以德行来消融偏激的性情。

【原文】

三三　云烟影里现真身①，始悟形骸为桎梏；禽鸟声中闻自性②，方知情识是戈矛。

【注释】

① 真身：意为真实之形体，指佛的无相真身。② 自性：佛家认为一切事物和现象都有不变不改之性，名曰自性。

【译文】

世间的一切都如云烟一般虚幻，从虚幻中看出真相，才领悟身体其实是精神的牢笼；在鸟鸣声中体会万物皆有性，才知道感情欲望是伤害自性的利器。

【原文】

三四　人欲从初起处翦除，便似新刍①遽斩，其工夫极易；天理自乍明时充拓，便如尘镜复磨，其光彩更新。

【注释】

① 刍：草。

【译文】

人的欲望如果从刚开始的时候被阻止，就像小草刚长出来后立刻拔除，是最容易做到的；在刚刚对天理道义有所觉悟的时候继续努力，加深认识，就好像拂去镜子上的尘土，再加以磨拭，更加明亮。

菜根谭

三五

【原文】

一勺水，便具四海水味，世法①不必尽尝；千江月，总是一轮月光，心珠②宜独朗。

【注释】

①世法：世间之法。②心珠：佛教认为众生之心性为本来清净之佛性，故喻为明珠。

【译文】

饮一勺海水，便知海水的味道，不必尝尽世上所有的海水，修行也是一样。世间法都是相通的，并不需要全部体验；江河中映照的月亮虽多，但总归只有天上一轮明月，人的心中也应当有一轮明月朗照。

三六

【原文】

得意处，论地谈天，俱是水底捞月；拂意时，吞冰啮雪，才为火内栽莲①。

【注释】

①火内栽莲：引申为身陷火坑，而能洁己不毁。

【译文】

人在事事顺心、春风得意的时候，与朋友高谈阔论，不过是一场空谈；当处于困苦的环境中，事事不顺心的时候，能够忍耐种种艰辛，就像在烈火中栽种莲花一样，才是真功夫。

【原文】

三七　事理因人言而悟者，有悟还有迷，总不如自悟之了了①；意兴从外境而得者，有得还有失，总不如自得之休休②。

【注释】

①了了：解悟。②休休：安闲的样子。

【译文】

事情的道理如果是因为别人的讲解自己才领悟的，那么有所觉悟的时候，必定还有迷惑，总归不如自己领悟出来的明白；兴致如果是从外在的环境中激发出来的，那么有得到的，必定会有失去的，一定不如自己在内心中得到那么安然自在。

【原文】

三八　言行相顾，心迹相符，终始不二，幽明无间。易世俗所难①，缓时流之急，置身于千古圣贤之列，不屑为随波逐浪之人。

【注释】

①易世俗所难：以世俗所难为易。

【译文】

人生在世，说话和行为要一致，心里想的和做的要相符合，从始至终都不要改变，不管是在无人之处

菜根谭

还是众人之前。把俗世间人们认为难的事情当作容易的，把人们着急做的事情慢慢来做，以古代的圣贤的标准来要求自己，不愿意跟着别人随波逐流。

三九

【原文】

欲遇变而无仓忙，须向常时念念守得定；欲临死而无贪恋，须向生时事事看得轻。

【译文】

要想遇到突然变故时不仓促慌张，就必须在平时的时候坚定地守护自己的心念；要想面对死亡没有什么贪恋，就必须活着的时候能够事事看得开。

四〇

【原文】

尘许栴檀①彻底香，勿以微善而起略退之念；毫端②鸩血同体毒，莫以细恶而萌无伤之芽。

【注释】

①栴檀：香木。②毫端：毫毛梢端，极其细小。

【译文】

即使只有很小的一块香木，也有一片芳香，我们行善也是这样，不要因为善行微不足道就放弃不做了；很少的鸩鸟血，也是厉害的毒药，所以我们不要因为恶行很小就萌发无伤大雅的念头。

【原文】

四一　一念过差，足丧生平之善；终身检饬，难盖一事之愆。

【译文】

一个人就算一辈子行善，但只要有一点邪恶的念头，那么这辈子的善就被抵消尽了；一辈子自我反省、约束，也无法掩盖一次的过失。

【原文】

四二　从五更枕席上参勘①心体，气②未动，情未萌，才见本来面目；向三时③饮食中谙练世味，浓不欣，淡不厌，方为切实工夫。

【注释】

①参勘：参考校验。②气：指人的元气。③三时：指早中晚。

【译文】

黎明五更时分，躺在床上审视自己的内心，不心浮气躁，才能看清楚自己；在三餐饮食中体会世间诸般滋味，不管浓淡都不会或喜或悲，这才是真的涵养。

菜根谭

应酬

【原文】

四三 操存要有真宰①，无真宰则遇事便倒，何以植②顶天立地之砥柱？应用要有圆机③，无圆机则触物有碍，何以成旋乾转坤之经纶？

【注释】

①真宰：一指宇宙的主宰，一指自然之性，此指主见。②植：树立。③圆机：指见解超脱，圆通机变。

【译文】

做人心中要有主见，没有主见的话遇事把握不定，怎能树立顶天立地的支柱呢？处世应对要懂得变通，如果不知变通，碰到事情就会受到阻碍，怎能成就扭转乾坤的大事呢？

【原文】

四四 士君子之涉世，于人不可轻为喜怒，喜怒轻，则心腹肝胆皆为人所窥；于物不可重为爱憎，爱憎重，则意气精神悉为物所制。

【译文】

读书人为人处事不可轻易流露喜怒之色，喜怒随意外露就会使自己内心的想法被人窥见；处事不可以爱憎过重，爱憎过重就会使自己的意志精神全被外物所控制。

四五

【原文】

倚高才而玩世，背后须防射影之虫①；饰厚貌以欺人，面前恐有照胆之镜。

【注释】

①射影之虫：比喻阴谋陷害。

【译文】

依仗自己高人一等的才气而处世随便的，一定要提防背后的阴谋诡计；装出一副忠厚的样子欺骗别人的，恐怕有朝一日会在照胆镜前露出真面目。

四六

【原文】

心体澄彻，常在明镜止水之中，则天下自无可厌之事；意气和平，常在丽日光风之内，则天下自无可恶之人。

【译文】

一个人如果心地纯净，那么他的心明亮而平静，这个世界就没有他觉得厌烦的事情；一个人如果意气平和，那么他的心就一直处于温暖安详中，这个世界就没有他觉得厌恶的人了。

四七

【原文】

当是非邪正之交，不可少迁就，少迁就则失从违①之正；值利害得失之会，不可太分明，太分明则起趋避之私。

【注释】

① 从违：跟从是与正，背离非与邪。

【译文】

当面对是非邪正的之时，对是非邪正的分界不可以稍作迁就，稍微有点迁就，就失去遵从正确立场的观念。当遇到利害得失之时，对利害得失的衡量心不可以太过分明，衡量心太分明，便会引起趋利避害的私心。

【原文】

四八 苍蝇附骥①，捷则捷矣，难辞处后之羞；萝茑②依松，高则高矣，未免仰攀之耻。所以君子宁以风霜自挟，毋为鱼鸟亲人③。

【注释】

① 骥：马。② 萝茑：女萝和茑，两种蔓生植物，常缘树而生。③ 鱼鸟亲人：此处指依附他人。

【译文】

苍蝇依附在马的尾巴上，速度固然快极了，却难以避免依附在马屁股后的羞耻；萝茑攀着松树生长，高倒是高了，却免不了攀附仰仗的耻辱。因此，君子宁愿以风霜傲骨而自我勉励，也不愿像缸中鱼、笼中鸟一般依附别人。

【原文】

四九　好丑心太明，则物不契；贤愚心太明，则人不亲。士君子须是内精明而外浑厚，使好丑两得其平，贤愚共受其益，才是生成的德量①。

【注释】

①德量：气量。

【译文】

区分美、丑的心太过于明确，就无法与事物相契合；区分贤、愚的心太过于清楚，就无法与人相亲近。君子内心应该明白人和事的善处与缺失，处事却要仁厚，使美、丑两方都能得到平等待遇，贤、愚都能受到合理对待，这才是好气量。

【原文】

五〇　伺察以为明者，常因明而生暗，故君子以恬养智；奋迅以为速者，多因速而致迟，故君子以重持轻。

【译文】

偷偷观察认为自己已经了解情况的人，常因为这种精明而陷入被蒙蔽的状态，所以君子只用恬淡平和来培养智慧；雷厉风行但是急于求成的人，常常会欲速则不达，所以君子对待微小的事物也很谨慎。

菜根谭

五一

【原文】

士君子济人利物，宜居其实，不宜居其名，居其名则德损；士大夫忧国为民，当有其心，不当有其语，有其语则毁来。

【译文】

君子帮助众人，应该把着眼点放在实际功效上，不要放在名声上，放在名声上则于德行有损；士大夫操劳国事为民造福，应当把这种理想放在心上，而不要动辄就说出来，说出来常常招致毁谤。

五二 平居息欲调身，临大节则达生委命；齐家量入为出，徇大义则芥视千金。

【原文】

平居息欲调身①，临大节则达生②委命③；齐家量入为出，徇大义则芥视千金。

【注释】

①息欲调身：止息欲念，调养身体。②达生：指不受世物牵累。③委命：寄托生命，寓意牺牲生命。

【译文】

平日家居生活，要懂得消除自己的欲求心，提高自己的修养，不受世物牵累，勇于牺牲；打理家庭财务要先计算收入再决定支出，需要为大义做出牺牲时则要视千金如小草，毫不吝啬。

【原文】

五三　遇大事矜持者，小事必纵弛；处明庭①检饰②者，暗室必放逸。君子只是一个念头持到底，自然临小事如临大敌，处密室若坐通衢③。

【注释】

①明庭：古代帝王祭祀神灵等之所，引申为庄严之地。②饬：同「饬」，整治，修饬。③通衢：四通八达的道路。

【译文】

遇到大事很拘谨的人，处理小事必定马虎随便；在公众场合刻意修饰自己言行的人，在别人见不到的场所，必定会放任自己的言行。如果是一个有修养的君子，从始至终就只拿定一个念头，随时随地小心留意，面对小事也会如同在应对大事一般谨慎；坐在没人的地方，也如同置身在众目昭彰的场所一样。

【原文】

五四　使人有面前之誉，不若使其无背后之毁；使人有乍交之欢，不若使其无久处之厌。

【译文】

让人当面赞誉自己，不如让人不在背后诽谤自己；使别人与你初次相逢的时候感觉很欢快，不如使他与你长久相处也不会产生厌烦。

【原文】

五五 善启迪人心者,当因其所明而渐通之,毋强开其所闭;善移风化者,当因其所易而渐反之,毋轻矫其所难。

【译文】

善于启迪他人心灵的人,应当根据人们理解的程度,逐渐去启发,而不能强行打开闭塞的大门,这样反而适得其反;要改变一个地方的不良风气,应该根据当地人的适应程度而渐渐引导转变,不应该轻率地强迫他们改变。

【原文】

五六 彩笔描空,笔不落色,而空亦不受染;利刀割水,刀不损锷①,而水亦不留痕。得此意以持身涉世,感与应俱适,心与境两忘矣。

【注释】

①锷:刀刃。

【译文】

彩笔在虚空中描画,不留下什么颜色,而虚空也没有受到污染;用利刃切割水,刀刃不受损,水也不留什么痕迹。明白这个道理,据以修身处世,受外界影响,做出反应,都能恰如其分,物我、身世一起忘记。

【原文】

五七 长袖善舞,多钱能贾①,漫炫附魂之伎俩;孤槎济川②,只骑解围,才是出格之奇伟。

【注释】

① 『长袖』二句:指有便利条件,就容易把事情做成。② 孤槎济川:驾驶一只小船渡河。槎,木筏,也泛指船。

【译文】

靠长袖来表现优美的舞姿,靠雄厚的资本来经商,这样的成功,并不值得卖弄。能够单独驾驶木筏成功地横渡江河大川,能够一人一马单独闯出重围,这才算是厉害。

【原文】

五八 己之情欲不可纵,当用逆之之法以制之,其道只在一忍字;人之情欲不可拂,当用顺之之法以调之,其道只在一恕字。今人皆恕以适己,而忍以制人,毋乃不可乎!

【译文】

自己的欲望不可放纵,当感情炽烈时,应当加以控制,关键在『忍』;人被欲望所左右,无理逞强,关键在『恕』,即宽容。现代人常把『恕』用在自己身上,而把『忍』放在别人身上,这样的做法是不可取的。

菜根谭

【原文】

五九　好察非明，能察能不察之谓明；必胜非勇，能胜能不胜之谓勇。

【译文】

喜欢把所有事情都弄得一清二楚，并非真正的明智，该弄清的弄清楚，不该弄清的就不强求清楚，才是真正的明智；必定要战胜对手，并非真正的勇武，既能战胜对手，又能输给对手，才是真正的勇武。

【原文】

六〇　随时①之内善救时，若和风之消酷暑；混俗之中能脱俗，似淡月之映轻云。

【注释】

① 随时：顺应潮流。

【译文】

顺应潮流以适应现实并保持对现实的认知，这就像一缕清风吹散了酷暑；混迹于红尘之间，却能出污泥而不染，如同淡淡的月华映照在周围的云朵之上，好似一体，实际上月是月，云是云。

【原文】

六一　思入世①而有为者，须先领得世外风光，否则无以脱垢浊之尘缘；思出世②而无染者，须先谙尽世中滋味，否则无以持空寂之苦趣。

【注释】

① 入世：投身于社会。② 出世：脱离俗世。

【译文】

想要投身社会有一番作为的人，应该先领略世俗之外的风光，否则能摆脱不了垢秽浑浊的尘世因缘；想摒弃世俗羁绊的人，应该先尝尽世俗的滋味，否则不可能享受寂寞的真正意趣。

【原文】

六二 与人①者，与其易疏于终，不若难亲于始；御事②者，与其巧持于后，不若拙守于前。

【注释】

① 与人：跟人结交。② 御事：处理事情。

【译文】

与人交往的时候，与其将来疏远，不如当初不要过于亲近；处理事情的时候，与其将来费尽心机，不如事前踏踏实实准备。

【原文】

六三 酷烈之祸，多起于玩忽之人；盛满之功，常败于细微之事。故语云：『人人道好，须防一人着恼；事事有功，须防一事不终。』

菜根谭

【译文】

惨烈的灾祸，多是由于玩忽职守引起的；一件极其重大的事情，往往败在很细微的事情上。所以有句话说："人人都说好，要防止一人忌恨你；事事有功劳，要防止一件事情没有好好完成。"

【原文】

六四　不虞之誉不必喜，求全之毁何须辞？自反①有愧，无怨于他人；自反无愆，更何嫌众口？

【注释】

① 自反：自我反省。

【译文】

得到了意想不到的赞誉，不必为此而沾沾自喜；为了求全而受到了责备，也没有必要辩解。自我反省一下，如果问心有愧，就没有理由埋怨别人；若无过错，那就让别人随便说去吧。

【原文】

六五　功名富贵，直从灭处观究竟，则贪恋自轻；横逆困穷，直从起处究由来，则怨尤自息。

【译文】

功名富贵这些东西，要正确看待它们，生不带来，死不带走，这样对它们的贪恋自然就减轻了；处于穷困潦倒的境遇，要多想想这种情况的缘由，这样怨气就渐渐平息了。

【原文】

六六　宇宙内事要力担当，又要善摆脱。不担当，则无经世①之事业；不摆脱，则无出世之襟期②。

【注释】

① 经世：治世。② 襟期：怀抱，情怀。

【译文】

对于世上的一切事情，既要勇于承担，又要善于摆脱。不承担的话就没有立身处世的资本，无法建立功业；但如果一直摆脱不了杂事的烦扰，也就丧失了脱离尘世的情怀。

【原文】

六七　待人而留有余不尽之恩礼，则可以维系无厌之人心；御事而留有余不尽之才智，则可以提防不测之事变。

【译文】

给人恩惠的时候，要注意度，才能保持良好的关系；处理事情要保留一点发挥的余地，这样才可以预防无法预测的变故。

【原文】

六八　了心自了事，犹根拔而草不生；逃世不逃名，似膻存而蚋仍集。

菜根谭

【译文】

清除了心中的欲望，也就摆脱了世间俗事的烦扰，这就像拿走了羊肉而腥膻的气味依旧存在，仍会招致蚊蝇来聚集。避世俗的困扰，但又不能摆脱功名的诱惑，这就像把草连根拔除了，就不会再生长；想逃

六九

【原文】

仇边之弩①易避，而恩里之戈难防；苦时之坎②易逃，而乐处之阱难脱。

【注释】

① 仇边之弩：从仇敌方面射出的箭。② 坎：指低洼的地方或困窘的处境。

【译文】

从敌人方面射过来的箭容易躲避，而从朋友那刺过来的武器难以防范；困苦的坎坷容易跨越，而安乐的陷阱难以逃脱。

七〇

【原文】

拖泥带水之累，病根在一『恋』字；随方逐圆①之妙，便宜②在一『耐』字。

【注释】

① 随方逐圆：根据事情发展情况做出相应的反应。② 便宜：指有利于国家，合乎时宜之事。

【译文】

拖泥带水、藕断丝连，病根都在一个『恋』字上；随方逐圆，万事随缘，关键在于一个『耐』字。

【原文】

七一 膻秽则蝇蚋丛嘬①，芳馨则蜂蝶交侵。故君子不做垢业②，亦不立芳名。只是元气浑然，圭角③不露，便是持身涉世一安乐窝④也。

【注释】

① 丛嘬：从集叮咬。② 垢业：肮脏之事。③ 圭角：圭的棱角，比喻锋芒，也比喻迹象。圭是古代帝王或诸侯在举行典礼时拿的一种玉器，上圆（或剑头形）下方。④ 安乐窝：比喻安定舒适的环境。

【译文】

腥膻污秽会招致蚊蝇聚集，芳香清馨也会招来蜂蝶的侵扰。所以，君子不做肮脏之事，也不树立美好的名声，只是质朴浑然，不炫耀，这才是为人处世最稳妥的境界。

【原文】

七二 从静中观物动，向闲处看人忙，才得超尘脱俗的趣味；遇忙处会偷闲，处闹中能取静，便是安身立命的功夫。

菜根谭

【译文】

从静止中观看万物运动,在闲暇的时候观看人们忙碌的样子,才懂得脱离世俗的趣味;忙碌的时候学会挤出空闲,处在热闹中能够保持安静的心态,这便是为人处世、安身立命的功夫。

【原文】

七三　邀千百人之欢,不如释一人之怨;希千百事之荣,不如免一事之丑。

【译文】

自己想得到许多人的喜欢,不如消除一个人对自己的怨恨;希望许多事情都办得漂亮,不如努力避免在一件事上犯错。

【原文】

七四　落落①者,难合亦难分;欣欣者,易亲亦易散。是以君子宁以刚方见惮②,毋以媚悦取容。

【注释】

①落落:孤傲清高的样子。②以刚方见惮:严厉正直,使人害怕。

【译文】

清高孤傲的人,不容易和人亲近,也不容易和人绝交;眉开眼笑之人,容易和人亲近,也容易和人绝交。所以,君子宁愿刚正不阿被人忌惮,也不要用媚悦之色来博取人的好脸色。

【原文】

七五　意气与天下相期①，如春风之鼓畅庶类②，不宜存半点隔阂之形；肝胆与天下相照，似秋月之洞彻群品③，不可作一毫暧昧之状。

【注释】

①相期：许下承诺。②庶类：指万物。③群品：众多的物类。

【译文】

君子意气风发地承诺施惠于天下，就像春风吹醒万物，不应该有一点点做作，诚心对人，光明磊落，这种品质就像秋月遍洒大地，不能有一丝一毫的犹豫畏缩。

【原文】

七六　仕途虽赫奕①，常思林下②的风味，则权势之念自轻；世途虽纷华，常思泉下的光景，则利欲之心自淡。

【注释】

①赫奕：显赫，有光彩。②林下：刘义庆《世说新语·贤媛》载：王夫人神情散朗，故有林下风气。王夫人即才女谢道韫，后多以『林下风致』来形容女子飘逸出尘，此处指山林中闲适的生活状态。

【译文】

做官虽然显贵且有威严，可是当想起美丽的山林景色，则权念之心自然就会消灭。人世间的名利虽然诱人，但想到湖光山色的惬意，比熙熙攘攘、争名夺利不知道要强多少倍，那么争权夺利的心思就会淡下来。

七七

【原文】
鸿未至先援弓①，兔已亡再呼犬，总非当机作用；风息时休起浪，岸到处便离船，才是了手②工夫。

【注释】
①援弓：拉弓。②了手：高手。

【译文】
大雁还没有来到就拉开弓箭，兔子已经跑了再去呼叫猎犬，都不是最好的机会；风停止时就不要再兴起波浪，到了岸就立即离船，才是真正的高手。

七八

【原文】
从热闹场中出几句清冷言语，便扫除无限杀机；向寒微路上用一点赤热心肠，自培植许多生意①。

【注释】
①生意：生机，生命力。

【译文】

在名利聚集之地说出几句冷静客观的语言，就可以肃清许多妄念贪心；在穷苦艰难的时候对别人掏出一点热心肠，自会激发许多人的活力。

七九 师古不师今，舍举世共趋之辙①；依法不依人，遵时豪耻问之涂。

【注释】

①共趋之辙：人们都趋附的道路。

【译文】

学习古圣先贤的行仪，不学习现代人的时髦的做法，舍弃大家都争相奔赴的道路；依法理处理人事，不按人情处理事，走当下志得意满之士不愿问津的路途。

【原文】

八〇 随缘便是遣缘①，似舞蝶与飞花共适；顺事自然无事，若满月偕盂②水同圆。

【注释】

①遣缘：顺应缘分并因势利导。②盂：盛液体的器皿。

【译文】

顺随缘分就是对缘分加以因势利导,像飞舞的蝴蝶与落花共舞,互相映衬;适应事物自然不会有闲事的侵扰,像满月与圆盆中之水一样地圆满。

【原文】

八一 淡泊之守,须从浓艳场中试来;镇定之操,还向纷纭境上勘①过。不然操持未定,应用未圆,恐一临机登坛②,而上品禅师又成一下品俗士矣。

【注释】

① 勘:核对,检验。
② 临机登坛:碰上机会登台讲经说法。

【译文】

守住淡泊的品性,一定要在热闹繁华中锤炼;镇定的操守,还需要在纷纷扰扰中验证。不这样的话,心中的信念尚不坚定,做事也不会圆融无碍,恐怕一有机会登台表现,那么平时修养高深的禅师又会成为平庸的俗人。

【原文】

八二 求见知①于人世易,求真知于自己难;求粉饰于耳目易,求无愧于隐微难。

【注释】

① 见知:被人知道。

【译文】

想让自己被世人认识是件很容易的事,但是,真正认识自己却是件很难的事情。想掩盖自己的过错,遮掩别人的耳目很容易,但是想做到每件小事自己都问心无愧就很困难了。

【原文】

八三 廉所以戒贪。我果不贪,又何必标一廉名,以来①贪夫之侧目?让所以戒争。我果不争,又何必立一让的②,以致暴客③之弯弓?

【注释】

①来:同『徕』,招致。②的:目的,射箭的靶子。③暴客:强盗。

【译文】

清廉可以戒除贪婪。我如果不贪婪,又何必标榜一个清廉名声,以此引来贪婪人士的愤恨?谦让可以戒除争夺。我如果不争夺,又何必树立一个谦让的靶子,以此招致那些强盗的弓箭?

【原文】

八四 无事常如有事时提防,才可以弥意外之变;有事常如无事时镇定,方可以消局中之危。

【译文】

没有问题的时候要像有问题的时候一样谨慎,有所防范,才能减少意外事情的发生,当事情真的发生的时候,要像平常没有事情的时候那样镇定自若,只有这样才能化险为夷,转危为安。

【原文】

八五 处世而欲人感恩,便为敛怨之道;遇事而为人除害,即是遵利之机。

【译文】

待人接物要他人感怀恩德,就容易给自己招惹怨恨;遇到事情为他人消除祸害,就是为别人解难、利于他人的好机会。

【原文】

八六 持身如泰山九鼎①,凝然不动,则愆尤自少;应事若流水落花,悠然而逝,则趣味常多。

【注释】

① 泰山九鼎:比喻高大沉稳,屹然不动。九鼎相传是大禹所铸,象征九州。

【译文】

修持身心犹如泰山九鼎一般安然不动摇,过失罪咎自然就会减少;如果在应付世事时从容自然,就像流水落花那样怡然自得,悠然而去,那么所体味的人生情趣就会很多。

【原文】

八七　口里圣贤，心中戈剑，劝人不劝己，名为挂榜修行。独慎衾影①，阴惜分寸，竞处而复竞时②，才是有根学问。

【注释】

①独慎衾影：独慎，即儒家讲的「慎独」，独处时也能谨慎守礼。衾影，即『衾影独对』，意为独自一人。②竞处、竞时：竞处，在处事修养上争先。竞时，在惜时建业上争先。

【译文】

嘴上说得好听，内心却很毒辣，劝别人这样做，自己却另有一套，这样的人只是在名义上修行；独自一个人的时候也能够谨慎守礼，爱惜每分每寸的光阴，既在处事修养方面争先，也在惜时建业上争先，这样才能做成有根基的学问。

【原文】

八八　君子严如介石①，而畏其难亲，鲜不以明珠为怪物②，而起按剑之心；小人滑如脂膏，而喜其易合，鲜不以毒螫为甘饴，而纵染指之欲。

【注释】

①介石：操守坚贞。②『明珠怪物』句：比喻有才能的人，无因而来，必为君主所不容。后用以比喻怀才不遇。

【译文】

君子遵循自己坚持的操守，以至于人们都觉得难以亲近，很少有人不把突然出现在眼前的明珠当作怪物，如临大敌；小人的性情圆滑世故像脂膏一般，人们都觉得很容易就合得来了，很少有人不把毒螫当成美味，用来解馋。

【原文】

八九　遇事只一味镇定从容，纵纷若乱丝，终当就绪；待人无半毫矫伪欺隐，虽狡如山鬼，亦自献诚。

【译文】

遇到事情只要沉着镇静从容应对，纵然纷繁宛若乱丝，终究会有分出条理的时候；对待他人没有半点矫饰虚伪欺骗隐瞒，即使对方狡诈犹如山鬼，也会奉献自己的诚意。

【原文】

九〇　肝肠煦若春风，虽囊乏一文，还怜茕独①；气骨清如秋水，纵家徒四壁，终傲王公。

【注释】

①茕独：比喻孤苦之人。

【译文】

心肠就像春风一样煦润，虽然囊中没有一枚铜钱，还要怜惜那些孤苦的人；气骨如秋水一般清澈，纵

菜根谭

【原文】

九一 讨了人事的便宜,必受天道的亏;贪了世味的滋益,必招性分①的损。涉世者宜审择之,慎毋贪黄雀而坠深井,舍隋珠而弹飞禽②也。

【注释】

①性分:天性。②舍隋珠而弹飞禽:比喻做事不分轻重,得不偿失。

【译文】

做事讨取了便宜,必然会有亏损;贪图了好处,必然招致损害。涉足世事的人应该慎重抉择,千万不要因为贪恋黄雀而坠入深井,舍弃稀世的宝珠用来弹射飞禽。

【原文】

九二 费千金而结纳贤豪,孰若倾半瓢之粟,以济饥饿之人;构千楹①而招来宾客,孰若葺数椽之茅②,以庇孤寒之士。

【注释】

①楹:一间屋为一楹。②数椽之茅:几间茅草屋。

然家中非常贫困,也能够傲视王公贵族。

菜根谭

【译文】

花费千金来交结权贵，还不如施舍半瓢粟米赈济饥饿的人；建造豪华的庭舍招揽宾客，还不如修几间茅草屋，为贫穷的人提供庇寒之所。

【原文】

九三 解斗者助之以威，则怒气自平；惩贪者济之以欲，则利心反淡。所谓因其势而利导之，亦救时应变一权宜法也。

【译文】

想要劝解争斗中的人，增加他的威势，愤怒的情绪自然就平息了；惩罚贪婪的人，满足他的欲望，利欲之心就反而会淡薄。顺势引导也是匡救时弊应付事变的一种适宜的方法。

【原文】

九四 市恩①不如报德之为厚，雪忿不若忍耻为高，要誉②不如逃名之为适，矫情不若直节③之为真。

【注释】

①市恩：以小恩小惠取悦别人。②要誉：求取声誉。③直节：直接。

【译文】

以小恩小惠博取他人的感恩，还不如去报答他人对自己的恩惠。这样才能成大器，虚名盛誉只会带给人烦恼，追求名誉不如避之。虚情假意不如以自己的真实面目真诚对人。

【原文】

九五　救既败之事者，如驭临崖之马，休轻策一鞭；图垂成之功者，如挽上滩之舟，莫少停一棹。

【译文】

挽回败局已定的局面，犹如驾驭面临悬崖的马，不能轻易地策动马鞭；对于那些即将成功的人，犹如已经牵挽上了滩头的船，要一鼓作气，不要停下。

【原文】

九六　先达①笑弹冠②，休向侯门轻曳裾③；相知犹按剑，莫从世路暗投珠。

【注释】

①先达：先发迹的人。②弹冠：指为官。③曳裾：比喻在权贵的门下当食客。

【译文】

早已显达的人，总是讥笑那些想凭借其力取得官职的人，所以不要轻易地投靠达官显贵；相知的朋友有时候还互相提防，所以不要在世路上明珠暗投。

菜根谭

【原文】

九七 杨修①之躯,见杀于曹操,以露己之长也;韦诞②之墓,见伐于钟繇,以秘己之美也。故哲士多匿采以韬光,至人常逊美而公善③。

【注释】

①杨修:东汉末年人,才思敏捷,经常恃才傲物,后被曹操借故所杀。②韦诞:三国时期魏国书法家,传说收藏《蔡伯喈笔法》,钟繇索而不得,于其死后掘墓而获。③公善:将善行归于众人。

【译文】

杨修被曹操杀害,因为过于显露自己的长处;韦诞的坟墓被钟繇开掘,因为秘藏了宝贵的东西。所以,贤哲人士大多隐匿光彩韬光养晦,至德人士常常逊让自己的美德,将善行归于众人。

【原文】

九八 少年的人,不患其不奋迅,常患以奋迅而成卤莽,故当抑其躁心;老成的人,不患其不持重,常患以持重而成退缩,故当振其惰气。

【译文】

对于血气方刚的青年人,不用担心他们不奋发有为,积极上进,往往害怕他们由于上进心太强、求胜心太盛从而导致轻率卤莽,所以应该适当地抑制他们的急躁情绪;对于老成练达的人,不用担心他们不稳重谨慎,往往担忧他们太过谨慎小心而遇事彷徨犹豫,甚至退缩不前,所以应该鼓励他们振作精神,抛弃怠惰之习。

【原文】

九九　望重缙绅，怎似寒微之颂德。朋来海宇，何如骨肉之孚心①。

【注释】

①孚心：诚心。

【译文】

为缙绅所倚重，怎么能比得上微寒之士的感恩那么真切？有朋自远方来，哪里比得上骨肉亲情心意相合？

【原文】

一〇〇　舌存常见齿亡，刚强终不胜柔弱；户朽未闻枢蠹，偏执岂能及圆融。

【译文】

在生活中常常有牙齿掉光了而舌头依然还在的情况，由此可见，有时刚强的事物终不如柔弱的事物生存长久；门腐朽了却没听说过门轴被虫蛀蚀的情况，可见偏激固执岂能及得上圆满融通？

菜根谭

评议

【原文】

一〇一 物莫大于天地日月，而子美①云：「日月笼中鸟，乾坤水上萍。」事莫大于揖逊征诛②，而康节③云：「唐虞揖逊三杯酒，汤武征诛一局棋。」人能以此胸襟眼界，吞吐六合，上下千古，事来如沤生大海④，事去如影灭长空，自经纶万变，而不动一尘矣。

【注释】

①子美：指杜甫。②揖逊征诛：政权接替的两种形式，揖逊即揖让，征诛即武力夺取。③康节：北宋大儒邵雍的谥号。④沤生大海：大海中的一个气泡。

【译文】

物体没有大过天空、大地、太阳、月亮的，然而杜甫说：「日月是笼中的鸟雀，天地是水上的浮萍。」争权夺利的事情没有大过用各种方式改朝换代的，然而邵雍说：「唐虞谦让不过三杯酒，汤武交争只是一局棋。」人们能够用这样的胸襟眼界容纳天地万物，看待古今历史变换，事情到来的时候犹如气泡产生在浩瀚的海洋里，事情过去时如同幻影湮灭在辽阔的天空中，那么国家大事的万般变化也不能移动心中的一粒微尘。

【原文】

一〇二 尼山①以富贵不义视如浮云；漆园②谓真性之外，皆为尘垢。夫如是，则悠悠③之事，何足介意？

【注释】

①尼山：山名，位于山东曲阜东南，此处代指孔子。②漆园：《史记》载庄子曾为漆园吏，后以漆园代指庄子。③悠悠：纷繁众多。

【译文】

孔子把富贵不义看作浮云一般；庄子认为除了自然的事物之外都是肮脏的。这样看来，世间的诸多事情，哪一件值得斤斤计较呢？

【原文】

一〇三 君子好名，便起欺人之念；小人好名，犹怀畏人之心。故人而皆好名，则开诈善之门；使人而不好名，则绝为善之路。此讥好名者，当严责夫君子，不当过求于小人也。

【译文】

君子喜好名誉，就会引发欺骗他人的念头；小人喜好名誉，怀有畏惧他人的心思。所以人人都喜好名誉，就会开启伪善的门户；如果人们都不喜好名誉，那么就没有人出来做好事了。这是对那些喜好名誉的人的劝谏，应当严厉指责君子（的好名），不应当过分要求小人（不好名）。

菜根谭

【原文】

一〇四　大恶多从柔处伏，哲士须防绵里之针；深仇常自爱中来，达人宜远刀头之蜜。

【译文】

重大恶行多数从不经易的地方突然出现，贤哲人士必须防备棉絮里的刺针；深重的仇恨常常来自恩爱，通达的人应当远离利少害多的事物。

【原文】

一〇五　持身涉世，不可随境而迁。须是大火流金①而清风穆然②，严霜杀物而和气蔼然，阴霾翳空而慧日③朗然，洪涛倒海而砥柱④屹然，方是宇宙内的真人品。

【注释】

①大火流金：夏日炎热，可以使金属销熔。形容酷热。②穆然：温和的样子。③慧日：佛经谓佛之智慧有如太阳普照大地，故名慧日。此处指人的心神。④砥柱：比喻坚定不移。

【译文】

把身心投入世事中，（人的品质）不可以随环境变化而变化。必须在酷暑中保持清凉微风的和美，严烈的霜雪肃杀万物的时候，坚持和蔼气度的和善而亲近自然，阴沉的霾雾遮蔽了天空，秉持明朗的心神就能豁然开朗，波涛翻滚中坚定不移巍然屹立，这才是天地间真正的为人品质。

【原文】

一〇六 爱是万缘之根,当知割舍。识是众欲之本,要力扫除。

【译文】

爱是缘分的根,应当知道割舍;情识是欲望的本,需要努力清除。

【原文】

一〇七 作人要脱俗,不可存一矫俗之心;应世要随时,不可起一趋时之念。

【译文】

为人行事要脱离庸俗,不可以留存一点世俗矫情的心念;应付世事要顺应时势,不可以动一点随波逐流的念头。

【原文】

一〇八 宁有求全之毁,不可有过情①之誉;宁有无妄之灾,不可有非分之福。

【注释】

①过情:超过实际。

【译文】

宁可有要求完美无缺而产生的责难,不可有别人为讨好自己而给予的不符实际的赞誉;宁可有意想不到的灾祸,不可有不属于自己的福禄。

一〇九

【原文】

毁人者不美,而受人毁者,遭一番讪谤便加一番修省,可以释冤而增美;欺人者非福,而受人欺者,遇一番横逆便长一番器宇,可以转祸而为福。

【译文】

诋毁别人的人品德不高尚,而遭到别人诋毁的人每遭受一次毁谤便增加一回修养反省,可以洗刷冤屈而增长美德;欺压别人的人不能得到福气,而受到别人欺压的人每遇到一次磨难便增长一回度量,可以将祸害转变为福气。

一一〇

【原文】

梦里悬金佩玉,事事逼真,睡去虽真觉后假;闲中演偈谈元②,言言酷似,说来虽是用时非。

【注释】

①悬金佩玉：指身为达官显贵。②演偈谈元：讲说佛法,谈论老庄妙理。

【译文】

睡梦中腰挂金印,身佩玉饰,每件事都十分逼真,但醒来后才知是假的;空闲时演说佛经玄学,每句话都好像十分有道理，到应用时却不是那么回事了。

[原文]

一一一 天欲祸人，必先以微福骄之，所以福来不必喜，要看他会受；天欲福人，必先以微祸儆之，所以祸来不必忧，要看他会救。

[译文]

上天想要降祸于人，必定预先用微小的福气使他得意，所以福气到来时不要高兴，要看他会不会接受；上天想要降福于人，必定预先用微小的灾祸使他戒备小心，所以灾祸到来时不必忧虑，要看他会不会挽救。

[原文]

一一二 荣与辱共蒂，厌辱何须求荣；生与死同根，贪生不必畏死。

[译文]

荣耀与羞辱有同样的根源，厌恶羞辱又何必追求荣耀；生存与死亡是一样的，贪恋生存也不必畏惧死亡。

[原文]

一一三 非理①外至，当如逢虎而深避，勿恃格兽之能；妄念内兴，且儗②探汤而疾禁③，莫纵染指之欲。

菜根谭

【注释】

① 非理：不合理义的事情。② 儗：同『疑』。③ 探汤而疾禁：探汤，以手探沸水，比喻会造成严重后果而引起戒惧。疾禁，赶快禁止。

【译文】

非分之福，不义之财到了身边，应当像遇到猛虎一样远远地避开，不要自恃可以制服它而尝试与之搏斗；脑子有痴妄之念产生时，应当像触摸滚烫的水一样立即止住，不要放纵罪恶的欲念产生。

【原文】

一一四　作人只是一味率真，踪迹虽隐还显；存心若有半毫未净，事为虽公亦私。

【译文】

为人如果一直比较直率纯真，有的时候虽然想隐藏自己的情绪，但还会显露出来；心中如果有半毫杂念没有清除干净，即使是为公众做事，心里也老是想着自己，所以为公也成了为私。

【原文】

一一五　鹪①占一枝，反笑鹏心奢侈②；兔营三窟，转嗤鹤垒高危。智小者不可以谋大，趣卑者不可与谈高。信然矣！

【注释】

① 鹪：一种小鸟。② 『奢侈』句：比喻目光短浅的人无法理解胸怀大志的人。

【译文】

鹪鹩占居枝杈，反过来嘲笑大鹏腾飞万里的雄心太大；兔子营造三处窟穴，转过来嗤笑白鹤筑于高山树巅的窝巢太高太危险。不可同没有多少智慧的人谋划伟大的事业，不可和志趣低下的人谈论高尚的事，确实是这样的。

一一六 贫贱骄人①，虽涉虚骄，还有几分侠气；英雄欺世，纵似挥霍，全没半点真心。

【注释】

① 贫贱骄人：指蔑视权贵的人。

【译文】

蔑视权贵的人，虽然带有一点虚浮自负，但还有几分侠士的气质；号称英雄的人欺骗世人，纵然看似豪迈、洒脱，却没有一丁点儿真心实意。

一一七 糟糠不为彘肥①，何事偏贪钩下饵；锦绮岂因牺贵②，谁人能解笼中囮。

一一八 大千沙界，尚为空里之空名②，巨万金钱，固是末中之末事。非上上智，无了了心。

【原文】

大千沙界①，尚为空里之空名②，巨万金钱，固是末中之末事。非上上智，无了了心。

【注释】

① 沙界：即佛教说的三千大千世界。
② 空名：佛教认为超乎现实的境界为空，并认为一切皆空。

【译文】

酒糟粃糠就能让猪又肥又壮，为什么还要偏偏贪图钓钩下的诱饵？人是一样的，粗茶淡饭就能够生存，为什么要理会别人许诺的种种好处？锦绣绮罗本来很贵重，岂是因为披在用作祭祀的牛身上？什么人能够解脱牢笼中的诱饵，将目光放长远一点啊！

【注释】

① "糟糠"句：《庄子·达生》记载了这样一个故事：掌管祭祀的官员穿戴好礼帽、礼服来到猪圈旁，对猪说："你不要讨厌死，我要养你三个月，守十日戒，吃三日斋，垫上'白茅'草，把你的小腿、大腿放到礼器上，这些不都是为了你吗？"为猪考虑的话，应该说："不如吃糟糠（粗劣的饲料）而好好活在猪圈之中。"
② "锦绮"句：《庄子·列御寇》记载：有人请庄子做官，庄子说："你见过那准备用作祭祀的牛牲吗？披着织有花纹的锦绣，给它吃草料和豆子，等到牵着进入太庙杀掉用于祭祀，就是想要做个没人看顾的小牛，难道还可能吗？"
③ 囮：用来诱捕同类鸟的鸟。

【译文】

三千大千世界也不过是空名,那成千上万的财富自然也就更不值得一提了。如果不是有大智慧的人,是不会明白这一点的。

【原文】

一一九 琴书诗画,达士以之养性灵,而庸夫徒赏其迹像;山川云物,高人以之助学识,而俗子徒玩其光华。可见事物无定品,随人识见以为高下。故读书穷理,要以识趣为先。

【译文】

琴书诗画,明智的人用来修养性情,而平庸之辈只是欣赏它们表面的声色而已;山川云物,高明的人用以提高自己的学识,而庸俗的人只是玩弄它们表面的光辉而已。可见事物本身没有一定的品位,是随着人们知识和见解的不同而产生高低之分。所以阅读书籍,深究事理,要以认识其中的意趣为第一要务。

【原文】

一二〇 美女不尚铅华,似疏梅之映淡月;禅师不落空寂,若碧沼之吐青莲。

【译文】

美女不看重涂脂抹粉,就像清淡的梅花与明净的月色相映衬,美而不俗;禅师不落入空泛枯寂中,就像清澈的池沼里长出青白分明的莲花,清而不艳。

菜根谭

一二一

【原文】

廉官多无后，以其太清也；痴人每多福，以其近厚也。故君子虽重廉介①，不可无含垢纳污之雅量；虽戒痴顽，亦不必有察渊②洗埃之精明。

【注释】

① 廉介：廉洁而正直。
② 察渊：比喻过分深察苛求。

【译文】

清廉的官吏大多没有后嗣，因为他过于清廉了；痴拙的人经常有福气，因为他非常厚道。所以君子虽然重视清廉耿介，也不可以没有容纳污垢的度量；虽然不主张痴拙顽劣，也不必太过于精干聪明。

一二二

【原文】

密则神气①拘逼，疏则天真烂漫，此岂独诗文之工拙从此分哉！吾见周密之人纯用机巧，疏狂之士独任性真，人心之生死亦于此判也。

【注释】

① 神气：神韵、气度。

【译文】

把文章写严整，其实是窘迫的，写松散了，就没那么多规矩而豁达。除了文章以外，做人也是这样，有人循规蹈矩，有人率真自在，心死心活也可以用这个判断。

【原文】

一二三 翠筱①傲严霜，节纵孤高，无伤冲雅；红蕖媚秋水，色虽艳丽，何损清修②。

【注释】

①筱：小竹，细竹。②清修：指操行高洁美好。

【译文】

青翠的小竹不屈服于浓霜，虽然孤独清高，但并不损害自身高雅的节操；红色的荷花在秋水中显得更加妩媚，颜色虽然艳丽，但并不损害自身纯洁高雅的风范。

【原文】

一二四 贫贱所难，不难在砥节①，而难在用情②；富贵所难，不难在推恩，而难在好礼③。

【注释】

①砥节：磨砺节操。②用情：表现情绪。③好礼：按照礼的标准来行事。

【译文】

贫穷而地位低下的人，在生活中磨砺自己的气节并不困难，而难于适当地处理和把握自己的感情；富裕而有地位的人，在生活中经常施恩于人并不困难，而难于一贯地尊重人，难于处处礼貌地待人。

菜根谭

【原文】

一二五 簪缨之士，常不及孤寒之子可以抗节致忠；庙堂之士，常不及山野之夫可以料事烛理①。何也？彼以浓艳损志，此以淡泊全真也。

【注释】

①料事烛理：预见事情的发展，明白事情的道理。

【译文】

显达尊贵的人士，常常不如孤苦贫寒人家弟子能够坚守节操，奉献忠诚；太庙明堂的人士，常常不如山岭原野的农夫能够处理事务，明白事理。为什么呢？前者由于争权夺利消磨了心志，后者由于恬淡静泊保全了天性。

【原文】

一二六 荣宠傍边①辱等待，不必扬扬；困穷背后福跟随，何须戚戚。

【注释】

①傍边：旁边。

【译文】

羞辱常常在荣誉旁边等待，所以在得到荣誉时不必得意高兴；福气常常跟随在穷困后面，所以处在穷困时不必忧虑悲伤。

【原文】

一二七　古人闲适处，今人却忙过一生；古人实受①处，今人又虚度一世。总是耽空逐妄，看个色身②不破，认个法身③不真耳。

【注释】

①实受：实际受用。②色身：指人的肉身。③法身：佛教称佛的真身为法身。

【译文】

在古人闲暇安静的地方，今人却因贪求名利而忙忙碌碌地度过了一生；在古人饱尝人生乐趣的地方，今人却无所事事地度过了一世。这是由于沉溺于虚空而追逐虚妄，看不出其中的奥妙。

【原文】

一二八　芝草无根醴无源，志士当勇奋翼；彩云易散琉璃脆，达人早回头。

【译文】

灵芝没有庞大的根系，清甜的泉水往往找不到源头，有福之人不一定出生在贵族之家，所以有志气的人应该勇往直前，努力奋斗；天上的彩云容易被风吹散，珍贵的琉璃容易被打碎，所以通达的人要及早回头，不要沉溺于富贵荣华。

菜根谭

一二九

【原文】

少壮者，事事当用意，而意反轻，徒泛泛作水中凫，何以振云霄之翮①？衰老者，事事宜忘情，而情反重，徒碌碌为辕下驹②，何以脱缰锁之身？

【注释】

①翮：翎管，引申为鸟的翅膀。②辕下驹：指车辕下不惯驾车之幼马，也比喻少见世面度量不大之人。

【译文】

年轻力壮的人对待每件事情本应该认真用心，却粗心大意，不过像在水面上的野鸭而已，怎么能展翅高飞、奋勇向上呢？衰弱年迈的人，对待每件事本应该拿得起，放得下，却做不到，不过像套在车辕下忙忙碌碌的马驹而已，怎么能摆脱身上的种种束缚呢？

一三〇

【原文】

帆只扬五分，船便安。水只注五分，器便稳。如韩信①以勇略震主被擒，陆机②以才名冠世见杀，霍光③败于权势逼君，石崇④死于财赋敌国，皆以十分取败者也。康节云："饮酒莫教成酩酊，看花慎勿至离披⑤。"旨哉言乎！

【注释】

①韩信：西汉开国名将，封楚王，不久降为淮阴侯，后被吕后用计所杀。②陆机：西晋著名文学家，以文采名重一时，后因领兵战败，又受人馋毁，为成都王司马颖所杀。③霍光：西汉重臣，秉政二十余年，

一三一

【原文】

附势者，如寄生依木，木伐而寄生亦枯；窃利者，如蟥蚘①盗人，人死而蟥蚘亦灭。始以势利害人，终以势利自毙。势利之为害也，如是夫！

【注释】

① 蟥蚘：人体肠道内的寄生虫。

【译文】

阿附权势的人犹如寄居在树木上面的寄生虫，树木被砍倒以后，寄居生活也就结束了；窃取利益的人犹如蟥蚘依靠人活着，人死亡蟥蚘也就灭亡了。损害他人利益的，必然会自食其果。其危害就是这样啊！

菜根谭

一三二一 失血于杯中，堪笑猩猩之嗜酒①；为巢于幕上②，可怜燕燕之偷安。

【注释】

① "失血"句：唐欧阳询《艺文类聚》引《蜀志》曰："封溪县有兽曰猩猩，人以酒取之，猩猩觉，初暂尝之，得其味甘而饮之，终见羁缨也。"失血，被人杀以取血（作颜料）。杯中，指杯中之物，即酒。

② 为巢于幕上：把窝做在帐幕上，比喻处境非常危险。

【译文】

因贪杯而丧生，就和猩猩嗜好饮酒一样可笑；在帷幕上营造巢穴，与燕子的贪图安逸一样可怜。

一三二二 鹤立鸡群，可谓超然无侣矣。然进而观于大海之鹏①，则渺然自小。又进而求之九霄之凤②，则巍乎莫及。所以至人常若无若虚，而盛德多不矜不伐③也。

【注释】

① 大海之鹏：指《庄子·逍遥游》中的大鹏。② 九霄之凤：宋玉《对楚王问》："凤凰上击九千里，绝云霓，负苍天，翱翔于窈冥之上。" ③ 不矜不伐：不为自己吹嘘，形容谦逊。

【译文】

鹤站在鸡群之中，可以说是很出众而没有谁能比得上了，然而进一步看大海中的鹍鹏，鹤便显得十分渺小了；又进一步与翱翔于九霄之上的凤凰相比，则觉得凤凰更加高大而不可及了。所以修养高深的人常常胸怀谦虚，不会自我满足。道德高尚的人大多不会居功骄傲，自我夸耀。

【原文】

一三四　铅刀只有一割能①，莫认偶尔之效，辄寄调鼎②之责；干将③不便如锥用，勿以暂时之拙，全没倚天之才。

【注释】

①"铅刀"句：铅质的刀，非常钝，比喻才力微薄。②调鼎：调和鼎中的味道，比喻治理国家。③干将：锋利的宝剑。

【译文】

不锋利的刀偶尔用得得当，也能割断东西，但绝不能指望其能担当调鼎的工具。干将这样锋利的宝剑，不能像使用锥子一样使用，不要因为其某方面的笨拙，就埋没了才华。

【原文】

一三五　贪心胜者，逐兽而不见泰山在前①，弹雀而不知深井在后；疑心胜者，见弓影而惊杯中之蛇，听人言而信市上之虎②。人心一偏，遂视有为无，造无作有。如此，心可妄动乎哉！

菜根谭

【注释】

① 『逐兽』句：《淮南子·说林训》：『逐兽者不见泰山，嗜欲在外则明听蔽矣。』② 市上之虎：即『三人成虎』，比喻人言可畏，或谣言惑众。

【译文】

贪图之心过胜的人，追逐野兽却看不见泰山就在前面，射鸟雀不知道深井就在鸟雀的后面；猜疑之心很重的人，看见弓影就吓得以为是酒杯中有蛇；听到人言就相信市上果真有虎。人心一有偏颇，就把有当作没有，把没有当成了有。这样，人心就乱了。

一三六 蛾扑火，火焦蛾，莫谓祸生无本；果种花，花结果，须知福至有因。

【原文】

【译文】

飞蛾扑向火焰，火焰就把飞蛾烧焦了，不要说灾祸没有缘由；果树会开花，花儿又能结出果实，要知道有福并非偶然，而是有原因的。

一三七 车争险道，马骋先鞭，到败处未免噬脐①；粟喜堆山，金夸过斗，临行时还是空手。

【原文】

【注释】

① 噬脐：自噬腹脐，比喻后悔不及。

【译文】

车辆争夺险要道路，驾着马先行鞭策，等到失败的时候难免后悔不及；稻粟堆成山那么高，金银多得用斗计量，到死的时候还是两手空空。

【原文】

一三八 花逞春光，一番雨，一番风，催归尘土；竹坚雅操，几朝霜，几朝雪，傲就琅玕①。

【注释】

① 琅玕：美玉。

【译文】

鲜花在春光里竞相开放，一回雨，一回风，风雨交加，就使得鲜花落入尘土之中；翠竹坚守高雅的节操，几朝霜，几朝雪，久经霜雪，面对着美玉也能够保持自己的骄傲。

【原文】

一三九 富贵是无情之物，看它他重，它害你越大；贫贱是耐久之交，处得它好，它益你反深。故贪商於而恋金谷①者，竟被一时之显戮②；乐箪瓢而甘皱缊③者，终享千载之令名。

菜根谭

①商於、金谷：商於是秦孝公赐给商鞅的封地，金谷是西晋石崇的金谷园。②显戮：明正典刑，处决示众。③箪瓢、敝缊：饮食简单，衣物破旧，形容贫困的生活。

【译文】

富足尊贵是没有情义的事物，看待得越重，伤害越大；贫穷卑贱是持久的朋友，相处得越好，增益越深。所以贪恋权势财物的人，很快就被杀了；甘于贫困、乐在其中的人，千年来都享有美好名声。

一四〇　鸽恶翎①而高飞，不知敛翼而翎自息；人恶影而疾走，不知处阴而影自灭。故愚夫徒疾走高飞，而平地反为苦海；达士知处阴敛翼，而巉岩亦是坦途。

【注释】

①翎：鸟的翅膀，这里指鸽子翅膀上的鸽哨。

【译文】

鸽子厌恶鸽哨的声音就远走高飞，不知道收敛羽翼哨声就自然止息；人们厌恶影子就疾速行走，不知道在阴凉的地方影子自然没有了。所以愚昧的人只顾疾走飞奔，一步走在平坦的地面上反而觉得很苦恼；通达人士知道处于阴荫收敛羽翼，陡峭的岩壁也像是平坦的路途。

一四一

[原文]

秋虫春鸟共畅天机，何必浪生悲喜；老树新花同含生意，胡为妄别媸妍？

[译文]

秋虫悲鸣与春鸟欢唱，都是顺遂自己的天性，而人为什么要无端生出悲哀与喜悦之情？衰败的树木与新开的花朵都含有生长的意念，而人为什么要无端判别它们的美好与丑恶呢？

一四二

[原文]

已飨①其利者为有德，柳跖②之腹心；巧饰其貌者无寔③行，优孟④之流风。

[注释]

① 飨：同『享』。② 柳跖：相传为春秋末人，名跖，居柳下，因称柳下跖。因曾是个大盗，也被称为盗跖。③ 寔：同『实』。④ 优孟：《史记·滑稽列传》记载，有一个叫优孟的杂戏艺人常以谈笑的方式劝说楚王。楚相孙叔敖死后，儿子很穷，优孟就穿戴了孙叔敖的衣冠去见楚庄王，神态和孙叔敖一模一样。庄王以为孙叔敖复生，让他做宰相。优孟以孙叔敖的儿子很穷为辞，趁机对楚王进行规劝，庄王终于封了孙叔敖的儿子。后来就用『优孟衣冠』比喻假装古人或模仿他人。

[译文]

得到了某人的好处，我们就说某人是个道德高尚的人，其实和柳跖的心思差不多；把自己精心打扮成某人的形象却没有实际的行动，其实是『衣冠优孟』。

菜根谭

【原文】

一四三 多栽桃李少栽荆,便是开条福路;不积诗书偏积玉,还如筑个祸基。

【译文】

多栽芬芳的桃李,少栽带刺的荆棘,就像多施恩惠少得罪人一样,便为自己开辟了一条有福的道路;不积聚诗书,单是积聚财货,就像替自己打下了一个惹祸的根基。

【原文】

一四四 习伪智矫性徇时①,损天真取世资考②,至人所弗为也!

【注释】

①徇时:顺应世俗潮流。②取世资考:采纳世俗之见,为自己的取舍做参考,即曲意顺人。

【译文】

学习虚假的学问来伪饰自己,改变自己的性情来顺应庸俗的时风,放弃善良质朴的天性来获取权利、荣誉、财富,这些都是德行高尚的人所不愿意做的。

【原文】

一四五 万境一辙,原无地著个穷通①;万物一体,原无处分个彼我。世人迷真逐妄②,乃向坦途上自设一坷坎,从空洞中自筑一藩篱。良足慨哉!

【注释】

① 穷通：贫困与显达。② 迷真逐妄：对真理不解，追逐虚幻的东西。

【译文】

天下各种境界都同出一辙，可是人们在本来没有贫困与显达的地方显示出贫困与显达来；世上各种事物皆浑然一体，可是人们在本来没有你我之分的地方分别出你与我来。世人迷失真理而追逐虚妄，实是在平坦的大道上为自己设下坎坷，在空旷无遮拦的地方为自己筑起篱笆，确实令人感慨啊！

【原文】

一四六　大聪明的人，小事必朦胧；大懵懂的人，小事必伺察。盖伺察乃懵懂之根，而朦胧正聪明之窟也。

【译文】

十分聪明的人，对待小事不斤斤计较；十分糊涂的人，对待小事必定仔细观察。而对小事仔细观察实是糊涂，对小事不斤斤计较正是智慧所在。

【原文】

一四七　大烈鸿猷①，常出悠闲镇定之士，不必忙忙；休征景福②，多集宽洪长厚之家，何须琐琐。

菜根谭

【注释】
①大烈鸿猷：伟大的功业和深远的谋略。②休征景福：吉兆和大福。

【译文】
伟大功业和深远谋略，常常出自悠闲镇定的人士，所以平时做事不要急急忙忙，吉祥征兆和洪大福分，大多聚集在宽厚之家，所以我们何必要斤斤计较那些琐碎的事情？

【原文】
一四八　贫士肯济人，才是性天中惠泽；闹场能学道，方为心地①上工夫。

【注释】
①心地：佛教认为心能滋生万法，如同土地能生长万物，故称之为心地。

【译文】
贫寒的人肯救济别人，这才是本性中具有的恩惠；喧闹的地方能学习佛法，这才是内心深处的造诣。

【原文】
一四九　人生只为『欲』字所累，便如马如牛听人羁络，为鹰为犬任物鞭笞。若果一念清明，淡然无欲，天地也不能转动我，鬼神也不能役使我，况一切区区事物也！

菜根谭

【译文】

人的一生被『欲』所拖累，就只能像马牛一样任人控制约束，像鹰犬一样任人鞭挞笞罚。如果自己心里保持清醒，淡泊没有欲望，天地也不能改变，鬼神也不能差使，更何况微不足道的事和人呢！

【原文】

一五〇　贪得者，身富而心贫，知足者，身贫而心富；居高者，形逸而神劳，处下者，形劳而神逸。孰得孰失，孰幻孰真，达人当自辨之。

【译文】

贪求财物的人生活虽然富足，但内心空虚，懂得满足的人生活虽然贫困，但内心充实；身居高位的人身体虽然安逸，但心神劳碌，处于微贱的人身体虽然劳碌，但心神安逸。这里面有得有失，有的是虚幻的是真实，通达事理的人自己应当辨别得出。

【原文】

一五一　众人以顺境为乐，而君子乐自逆境中来；众人以拂意为忧，而君子忧从快意处起。

【译文】

众人忧乐以情，而君子忧乐以理也。

一般人都因处在顺境中感到快乐，而君子的快乐是从逆境中来；一般人都忧虑不顺心的事，而君子的

菜根谭

忧虑来自称心如意的时候。因为一般人的喜怒哀乐都来自性情，而君子的喜怒哀乐来自理性的认识。

【原文】

一五二　谢豹覆面①，犹知自愧；唐鼠易肠②，犹知自悔。盖『愧悔』二字，乃吾人去恶迁善之门，起死回生之路也。人生若无此念头，便是既死之寒灰，已枯之槁木矣，何处讨些生理？

【注释】

①谢豹覆面：谢豹是一种虫子。此虫圆如球，类蛤蟆，见人就以前足遮头，像害羞一样，能钻地，速度很快。②唐鼠易肠：唐欧阳询《艺文类聚》引《梁州记》：『㟩水北㟩乡山……山有易肠鼠，一月三吐易其肠。束广微所谓唐鼠者也。』

【译文】

谢豹这种虫子见人就用前足遮头，犹如知道羞愧一样；唐鼠改换肠子，犹如知道懊悔一样。因为『愧』『悔』二字，是我们人类向善去恶的门户，是挽救一切没有希望之事的路径。人生如果没有这个念头，就像灰烬、枯朽的树。哪里找一些生存希望？

【原文】

一五三　异宝奇珍，俱是必争之器；瑰节奇行，多冒不祥之名。总不若寻常历履，易简行藏①，可以完天地浑噩②之真，享民物和平之福。

【注释】

①易简行藏：平易简单的行为。②浑噩：即『浑浑噩噩』，浑浑，浑厚质朴的样子。噩噩，严肃正大的样子。

【译文】

奇异的珍宝，都是人们要争夺的东西；高明的思想和不平常的行为，大多会得到不好的名声，不容易被人们接受。所以总不如平常的经历、平易简单的行为，可以完善天地赋予的浑厚质朴的本性，享受事事和顺愉快的福气。

一五四 福善不在杳冥①，即在食息起居处牖②其衷；祸淫不在幽渺，即在动静语默间夺其魄。可见人之精爽③常通于天，天之威命即寓于人，天人岂相远哉！

【注释】

①杳冥：辽远无际之处。②牖：本义是指窗户，此处意为开启。③精爽：精神，灵魂。

【译文】

上天赐福给淳朴善良的人，并不在渺茫莫测之处，而是在饮食起居的日常生活中启发其向善之心；上天降祸给淫逸过度的人，并不在精深微妙之处，而是在一动一静、言语沉默间使其神志迷乱。可见人的精神魂魄总是与上天相通，上天的权力威势就寄寓在人的身上，天和人相隔并不遥远啊！

菜根谭

闲适

【原文】

一五五　昼闲人寂，听数声鸟语悠扬，不觉耳根尽彻；夜静天高，看一片云光舒卷，顿令眼界俱空。

【译文】

白日清闲，到寂静之处，静听鸟语欢歌，不知不觉感到内心彻底清静了，心灵也受到净化；至夜深人静时伫立在庭院中，觉得天空特别高，月光分外明，静观月光映照，云在遨游，顿时令人心旷神怡。

【原文】

一五六　世事如棋局，不著①的，才是高手；人生似瓦盆，打破了，方见真空。

【注释】

①著：通『酌』，意思是不去琢磨，这里引申为计较。

【译文】

世上的事犹如棋盘上的局势，不计较的才技高一筹；人的一生好似陶瓦盆罐，打破了才见到真正的空无。

【原文】

一五七 龙可豢①，非真龙，虎可搏，非真虎，故爵禄可饵②荣进之辈，决难笼淡然无欲之人；鼎镬③可及宠利之流，岂能加飘然远引之士。

【注释】

①豢：豢养。②饵：引诱。③鼎镬：鼎和镬，古代两种烹饪器，同时也是古代的酷刑，用鼎镬烹人。

【译文】

龙如果可以被豢养就不是真正的龙，虎可以用来搏斗就不是真正的虎，所以官爵俸禄可以引诱荣升幸进的人，必然不能笼络淡然无欲的人；鼎烹、汤镬可以用于争宠求利的人，必然不能加害远离名利的人。

【原文】

一五八 一场闲富贵，狠狠争来，虽得还是失；百岁好光阴，忙忙过了，纵寿亦为夭。

【译文】

荣华富贵，费尽心力争夺得来，虽然得到最后还是要失去；人的一生，匆匆忙忙地度过了，不会享受美好的时光岁月，纵然活得很长最终也是夭亡。

【原文】

一五九 高车①嫌地僻，不如鱼鸟解亲人。驷马②喜门高，怎似莺花③能避俗。

菜根谭

【注释】
①高车：高大的车，借指显贵者。②驷马：古代用四匹马拉的车子。③莺花：黄莺啼和花朵。

【译文】
乘高车的人习惯了热闹的生活，嫌弃僻静之所，远不如鱼鸟明白僻静之味；驷马喜欢高门大户，远不如鸟和花懂得远离世俗。

【原文】
一六〇 红烛烧残，万念自然灰冷；黄粱梦破，一身亦似云浮。

【译文】
红烛燃烧将尽，万念俱灰，自然就变得厌倦冷淡；黄粱美梦破灭，整个身躯也就轻似浮云。

【原文】
一六一 千载奇逢，无如好书良友；一生清福，只在碗茗炉烟。

【译文】
千年难以碰到的好事情，比不上读了一本好书、交了一位知心朋友；一生的清福，也就在宁静闲适的生活中。

【原文】

一六二 困来稳睡落花前，天地即为衾枕；机息①坐忘盘石上，古今尽属蜉蝣②。

【注释】

①机息：停止机智巧诈的念头。②蜉蝣：一种寿命很短的昆虫，这里表示生命的短促，时间的短暂。

【译文】

困倦的时候安稳地睡在落花处，天作为被子，地作为枕头，不再多想，忘我地坐在石头上，古今就如同蜉蝣的生命一样短暂。

一六三 昂藏①老鹤虽饥，饮啄犹闲，肯同鸡鹜②之营营③竞食？偃蹇④寒松纵老，丰标自在，岂似桃李之灼灼争妍！

【注释】

①昂藏：形容气度非凡。②鹜：鸭。③营营：指奔走钻营。④偃蹇：屈曲的样子。

【译文】

老迈野鹤虽然饥饿但仍然气度非凡，饮水啄食悠闲自在，怎么会愿意同鸡鸭一样来来往往地竞争食物呢？高耸屈曲的寒松纵然是苍老，风采依然存在，岂能像桃李灼灼辉辉地争奇斗艳呢？

菜根谭

【原文】

一六四 吾人适志于花柳烂漫之时,得趣于笙歌腾沸之处,乃是造化之幻境,人心之荡念也。须从木落草枯之后,向声希味淡之中,觅得一些消息,才是乾坤的橐籥①,人物的根宗。

【注释】

①橐籥:古代鼓风吹火用的器具,比喻呼吸的通道。

【译文】

在鲜花开放、杨柳吹拂的时候舒适自得,在吹笙唱歌喧腾鼎沸的地方获得乐趣,这只是表象的东西。只有在树木凋落花草枯萎以后,从平淡无奇中,寻觅得到一些真谛,才是本质的东西。

【原文】

一六五 静处观人事,即伊吕之勋庸①、夷齐之节义②,无非大海浮沤;闲中玩物情,虽木石之偏枯、鹿豕③之顽蠢,总是吾性真如④。

【注释】

①伊吕之勋庸:伊吕指商朝开国元勋伊尹和周朝开国元勋吕尚(即姜子牙),勋庸指功勋和业绩。②夷齐之节义:夷齐,指伯夷和叔齐,周灭商朝后,两人立志不食周粟,饿死在首阳山。③豕:猪。④真如:指人的本性。

【译文】

在安静之处观察人间之事,即使有伊尹、吕尚那样的功勋业绩,伯夷、叔齐那样的节操义行,无一不如大海中浮沫气泡;清闲之中仔细体味事物的道理,即使树木枯萎、山石参差,鹿和猪顽劣愚蠢,无一例外乃真本性。

【原文】

一六六 花开花谢春不管,拂意事休对人言;水暖水寒鱼自知,会心处还期独赏。

【译文】

花开花落顺其自然,所以自己遇到不顺心的事情不要对他人诉苦;水暖水冷鱼儿自己心里最明白,所以心领神会,自知就好。

【原文】

一六七 啄食之翼,善警畏而迅飞,常虞①系捕之奄及;涉境之心②,宜憬觉而疾止,须防流宕③之忘归。

【注释】

①虞:忧虑,担忧。②流宕:不受约束。③涉境之心:佛教语,又作分别心,即对事物产生是非、善恶、人我、大小、美丑、好坏等种种之差别观感。

【译文】

正在啄食的鸟非常警觉，一有险情就立刻飞走，时刻担心有被捕猎的危险；人生在世，如果产生了「分别心」，要知道适可而止，以防不受约束而陷得太深。

【原文】

一六八　闲观扑纸蝇，笑痴人自生障碍；静睹竞巢鹊，叹杰士空逞英雄。

【译文】

冷眼旁观扑向捕蝇纸的苍蝇，由此想到世上那些执迷不悟的人自生烦恼，真是可笑；静看竞相筑巢的喜鹊，巢筑成后反被占据，由此想到人间那些英雄豪杰空向别人显示功勋与气概，真令人感叹！

【原文】

一六九　看破有尽身躯，万境之尘缘自息；悟入无怀境界，一轮之心月独明。

【译文】

如果能看透人生，世上各种能使人产生欲望的缘由便会自然消失；如果能感悟无怀氏那样淳朴的境界，心中就犹如有一轮明月，明亮澄澈。

【原文】

一七〇 土床石枕冷家风，拥衾时魂梦亦爽；麦饭豆羹淡滋味，放箸处齿颊犹香。

【译文】

土床石枕，家境虽然清贫，但睡着时心里很踏实；饮食简陋，滋味虽然清淡，但放下筷子时唇齿之间仍留有余香。

【原文】

一七一 谈纷华而厌者，或见纷华而喜；语淡泊而欣者，或处淡泊而厌。须扫除浓淡之见，灭却欣厌之情，才可以忘纷华而甘淡泊也。

【译文】

一谈论繁华富丽就表现得不耐烦的人，若看见繁华富丽就可能高兴得不得了；一谈论恬淡寂寞就欣喜却欣厌之情的人，若真的置身淡泊之中可能就受不了。必须移除对生活条件的偏见，消除喜欢或厌恶的情绪，才可以忘记繁华富丽而甘于寂寞淡泊。

【原文】

一七二 『鸟惊心』、『花溅泪』①，怀此热肝肠，如何领取冷风月；『山写照』、『水传神』②，识吾真面目，方可摆脱幻乾坤。

菜根谭

【注释】

① 二句出自杜甫《春望》："感时花溅泪，恨别鸟惊心。"极言忧国忧民之情。② 二句形容对山水的传神写照，传其精神，摹其神韵。

【译文】

鸟鸣震心灵，花儿飞溅泪水，胸怀这样的满腔热情，怎么能领略清风明月的恬淡；描摹山水，传其精神气韵，认识大自然的真实面目，才可以脱离虚幻的世界。

【原文】

一七三 富贵得一世宠荣，到死时反增了一个『恋』字，如负重担；贫贱得一世清苦，到死时反脱了一个『厌』字，如释重枷。人诚想念到此，当急回贪恋之首而猛舒愁苦之眉矣。

【译文】

一辈子富足尊贵，到了死的时候恋恋不舍生前的恩宠荣耀，犹如担负着沉重的担子；一辈子清贫困苦，到了死亡的时候就摆脱『厌』，犹如放下沉重的枷锁。人们果真能想得到这些，应当及时回头，不再贪恋，就能舒展愁苦的眉头了。

【原文】

一七四 人之有生也，如太仓之粒米，如灼目之电光，如悬崖之朽木，如逝海之微波。知此者

【译文】

人的生命，就像粮仓中的一粒米那样渺小，像耀眼的一道闪光那样短暂，像悬崖边上的朽木那样脆弱，像流向大海的波浪那样飘浮不定。明白这一道理的人，怎么能不悲哀，又怎么会不喜悦呢？为什么还要看不透人生的真谛而贪恋他物呢？又为什么不看重自己的生命而留下虚度一生的羞耻呢？

【原文】

一七五 浮生可见，如梦幻泡影，虽有象而终无；妙本难穷，谓真信灵明，虽无象而常有。

【译文】

人生就像一场梦，虽然有其形而终究是虚空一场；自然界的诸多奥妙难以全部明白，但确实是真真切切地存在的，虽然我们看不到，但时刻发挥着作用。

【原文】

一七六 鹬蚌相持，兔犬共毙①，冷觑来令人猛气全消；鸥凫共浴，鹿豕同眠，闲观去使我机心顿息。

【注释】

① 兔犬共毙：指『兔死狗烹』，指事成被弃。

【译文】

如何不悲？如何不乐？如何看他不破，而怀贪生之虑？如何看他不重，而贻虚生之羞？

菜根谭

【译文】

鹬蚌相互争持,渔翁在一边得到了好处;狡兔被捉住了,猎狗也就失去了作用。冷眼看这些历史变换使人争权夺利之心完全消失,沙鸥和野鸭共同戏水,鹿和猪一起进入梦乡,抱着悠闲的心态看到这些,使我争权夺利的心思顿时止息了。

【原文】

一七七 迷则乐境成苦海,如水凝为冰;悟则苦海为乐境,犹冰涣作水。可见苦乐无二境,迷悟非两心,只在一转念间耳。

【译文】

人如果执迷不悟,那么快乐的境界也会变为痛苦的深渊,就像水凝结成冰一样;如果能清醒觉悟,那么痛苦的深渊便会变为快乐的境界,就像冰融化成水一样。由此可见,苦与乐本来就不是绝对的两种不同的境遇,迷惑与领悟本来也不是绝对的两种不同的心境,其区别只在于人念头转变的一瞬间。

【原文】

一七八 遍阅人情,始识疏狂之足贵;备尝世味,方知淡泊之为真。

【译文】

看遍了人情事故,才能认识狂放不羁的宝贵;尝尽了世间百味,才能明白恬静寡欲的纯真。

[原文]

一七九　地阔天高，尚觉鹏程之窄小；云深松老，方知鹤梦之悠闲。

[译文]

地宽广、天高远，尚且觉得空间狭小，不够大鹏施展；知道云深厚、松苍老，才明白云鹤幽梦是多么悠闲。

[原文]

一八〇　两个空拳握古今，握住了还当放手；一条竹杖挑风月，挑到时也要息肩。

[译文]

两个空拳掌握古今之事，即使握住了还应当放一放手，不可偏执；一根竹杖挑起清风明月的悠闲生活，即使挑到了也需要歇一歇，不能迷恋。

[原文]

一八一　阶下几点飞翠落红，收拾来无非诗料；窗前一片浮青映白，悟入处尽是禅机。

[译文]

台阶下飘落的几片绿叶、几朵红花，收拾起来无非是作诗的素材；窗前飘过的一片青云，一阵白雾，都是能感悟人心、领会禅理的机缘。

菜根谭

一八二

【原文】

忽睹天际彩云，常疑好事皆虚事；再观山中古木①，方信闲人是福人。

【注释】

① 山中古木：比喻世上闲人。

【译文】

忽然看到天边的彩云，转眼间便飘然而去，由此常使人怀疑世上那些美好的事物都是虚幻的；再看山中的古树，因没有用处而得以保存下来，由此使人相信世上那些清闲的人才是有福的人。

一八三

【原文】

东海水，曾闻无定波，世事何须扼腕？北邙山，未省留闲地，人生且自舒眉。

【译文】

东海之中，波澜起伏，从来没有静止不动的波浪，人世的事情同理，那么对待人世的事情何必常感到愤怒或惋惜呢？北邙山上，坟墓密集，已看不到空闲的地方，由此可知人生都不免一死，那么对待人生就应该舒展眉头，乐观超脱。

一八四

【原文】

天地尚无停息，日月且有盈亏，况区区人世，能事事圆满，而时时暇逸乎？只是向忙

一八五

[原文]

心游瓌玮①之编，所以慕高远；目想清旷之域，聊以淡繁华。于道虽非大成，于理亦为小补。

[注释]

① 瓌玮：玉名。

[译文]

心在瑰丽奇伟的文字中畅游，以此来寄托高远的志向；眼界开阔，以此来淡化对世间繁华的追求。如果能这样，虽然不能真正地脱俗，但对人的修养和心境也是有好处的。

一八六

霜天闻鹤唳，雪夜听鸡鸣，得乾坤清纯之气；晴空看鸟飞，活水观鱼戏，识宇宙活泼

[译文]

天地尚没有停止歇息之时，日月还有圆缺之处，何况是人，哪里可能每件事情都圆满、每时每刻都安闲舒适呢？只是在繁忙之中寻找清闲，遇到不足的地方能自知，如能这样，那么处理世事全由自己掌握，劳作与休息不受拘束，就是天地也不能影响我的劳累与安逸、跟我比较圆满与亏损了。

里偷闲，遇缺处知足，则操纵在我，作息自如，即造物不得与之论劳逸、较亏盈矣！

菜根谭

之机。

【译文】

在白霜铺地的天气里听鹤唳，在大雪纷飞的夜晚听鸡鸣，便能接触天地清净纯真的气息，向晴朗的天空望鸟飞翔，从流动的水中观鱼嬉戏，就能真正认识宇宙之机。

一八七　闲烹山茗听瓶声，炉内识阴阳①之理；漫履楸枰②观局戏，手中悟生杀之机。

【注释】

①阴阳：瓶中之水为阴，炉内之火为阳。
②漫履楸枰：漫不经心地观看下棋者落子。

【译文】

安闲地煮山茶，听水沸之声，从水与火中体会宇宙阴阳变化运转的道理；漫不经心地随着棋步的变化观看弈棋游戏，从中感悟自然之规律。

一八八　芳菲园林看蜂忙，觑破几般尘情世态；寂寞衡茅①观燕寝，引起一种冷趣幽思。

【注释】

①衡茅：简陋的茅草屋。

【译文】

在花草芬芳的花园里观看蜜蜂忙碌地采蜜,可以透过这些看破一些人情世态,在寂静冷清的茅屋中观看燕子归巢栖息,让人产生一种清雅的情趣和深沉的思绪。

【原文】

一八九 会心不在远,得趣不在多。盆池拳石间,便居然有万里山川之势,片言只语内,便宛然见万古圣贤之心,才是高士的眼界,达人的胸襟。

【译文】

领会景色不在于远近,获得乐趣不在于多少。盆景、小池、拳掌大小的石头,就具有万里山峦河川的气势,从简短文字、些许语言之中,就仿佛见到万代圣哲贤达的心怀。这才是高尚人士的眼界,豁达人士的胸襟。

【原文】

一九〇 心与竹俱空,问是非何处安脚?貌偕松共瘦,知忧喜无由上眉。

【译文】

人心如果像竹子那样空虚而无杂念,请问是非还能在何处落脚?外表同松树那样清瘦,忧虑与喜悦便不会在眉梢出现。

菜根谭

菜根谭

【原文】

一九一 趋炎虽暖,暖后更觉寒威;食蔗能甘,甘余便生苦趣。何似养志于清修,而炎凉不涉,栖心于淡泊,而甘苦俱忘,其自得为更多也。

【译文】

靠近火焰虽然暖和,暖和以后会觉得更加寒冷;吃甘蔗觉得很甜,甜过之后相对比就会产生苦涩。哪里比得上在清静修省中保持志向而不去涉及炎热凉冷,在恬淡寂寞中栖息身心而把甘甜苦涩全都忘记呢?这种或许更自在。

【原文】

一九二 席拥飞花落絮,坐林中锦绣团茵①;炉烹白雪清冰,熬天上玲珑液髓②。

【注释】

①团茵:圆形坐褥。②液髓:液体的精华。

【译文】

席地拥抱着飞舞的落花和飘落的柳絮,在树林中坐着绣花的坐褥;炉火上烹煮清澈的山泉水,熬煮的是至美之物。

菜根谭

【原文】

一九三　逸态闲情，惟期自尚①，何事外修边幅？清标②傲骨，不愿人怜，无劳多买胭脂。

【注释】

①自尚：自我欣赏。②清标：清美脱俗。

【译文】

安逸的神态、悠闲的心情，自娱自乐，为何要修饰外表？清冷高傲的风骨，不必祈愿他人怜惜，无须多购买胭脂。

【原文】

一九四　天地景物，如山间之空翠，水上之涟漪，潭中之云影，草际之烟光，月下之花容，风中之柳态。若有若无，半真半幻，最足以悦人心目而豁人性灵，真天地间一妙境也。

【译文】

自然界的景物，像山上的树木，水面上的涟漪，潭渊中的浮云倒影，草原边的云烟霞光，月光下的鲜花，清风中的柳枝，好像有，又好像没有，一半真实一半虚幻，最能够使人愉悦，使人豁达，真是天地间一种巧妙的境界啊！

菜根谭

一九五

【原文】

「乐意相关禽对语,生香不断树交花」①,此是无彼无此得真机。「野色更无山隔断,天光常与水相连」,此是彻上彻下之真境。吾人时时以此景象,注之心目,何患心思不活泼,气象不宽平!

【注释】

①二句出自宋代石延年《金乡张氏园亭》一诗。

【译文】

快乐的意趣相同禽鸟也会交谈,散发的芳香相通树与花也会交往,这便是不分你我的真机趣。原野的景色不再有高山来隔断,天空的光景经常能与江海之水面相连接,这便是上下贯通的真境界。人应该每时每刻都把这种景象记在心中,如能这样,还怕什么内心不丰富,气度不宽广呢?

一九六

【原文】

鹤唳雪月霜天,想见屈大夫独醒之激烈①;鸥眠春风暖日,会知谢丞相高卧之风流②。

【注释】

①「屈大夫」句:指屈原「举世皆浊我独清,众人皆醉我独醒」。②「谢丞相」句:指东晋谢安,曾隐居会稽,高卧东山。

【译文】

野鹤鸣叫、雪夜明月、严霜天空,想象而知屈原沉吟"众人皆醉我独醒"时的激昂慷慨;沙鸥休眠、春天和风、和暖日光,能够领会谢安隐居时的风流洒脱。

【原文】

一九七 黄鸟多情,常向梦中唤骚客;白云意懒,偏来僻处媚幽人。

【译文】

黄莺感情丰富,常常呼叫在睡梦中的诗人;白云意趣懒散,偏偏来到僻静之处取悦幽隐的人士。

【原文】

一九八 栖迟①蓬户,耳目虽拘,而神情自旷;结纳山翁,仪文②虽略,而意念常真。

【注释】

①栖迟:淹留,隐遁。②仪文:礼仪形式。

【译文】

隐居在简陋的茅屋,耳目虽然受到局限,但神情自然开朗;结交山居的老翁,礼节虽然粗疏,但感情是非常纯真的。

菜根谭

【原文】

一九九 满室清风满几月,坐中物物见天心;一溪流水一山云,行处时时观妙道。

【译文】

满室皆是清风,满桌皆是月光,坐定时所见到的每件东西都可以见本质;一溪的流水,一山的行云,所行之处随时可以体悟自然界变化运转的规律。

【原文】

二〇〇 炮凤烹龙①,放箸时与齑盐无异;悬金佩玉,成灰处共瓦砾何殊?

【注释】

① 炮凤烹龙:形容菜肴丰盛珍奇。

【译文】

丰盛的菜肴,吃完放下筷子感觉与素食没有差异;悬挂的金佩戴的玉,成为灰烬的时候同碎的砖瓦有何不一样?

【原文】

二〇一 扫地白云来,才著工夫便起障;凿池明月入,能空境界自生明。

【译文】

打扫地面，刚刚弄干净，不一会又脏了。在生活中，旧的烦恼刚去，新的烦恼又来了。凿开池塘，月亮就映入池塘中，空明的境界自然产生明朗的感觉。

【原文】

二〇二 造化唤作小儿，切莫受渠戏弄；天地原为大块，须要任我炉锤。

【译文】

司命之神据说是个顽劣儿童，千万不要遭受他的戏耍捉弄；天地是个巨大的泥丸，需要我们精心铸造锤炼。

【原文】

二〇三 想到白骨黄泉，壮士之肝肠自冷；坐老清溪碧嶂，俗流之胸次亦闲。

【译文】

想到死后只有一片白骨，勇士做事也会有所顾忌；因为经常面对清澈的溪流碧绿的山嶂，庸俗之辈的胸襟心怀也会变得闲逸。

【原文】

二〇四 夜眠八尺,日啖二升,何须百般计较;书读五车,才分八斗,未闻一日清闲。

【译文】

夜晚睡觉不过八尺之床,白日吃饭不过两升粮食,何必百般计较;即使学富五车,才高八斗,也没听说能获得一天清静闲暇的时光。

概论

二〇五　君子之心事，天清日白，不可使人不知；君子之才华，玉韫珠藏，不可使人易知。

二〇六　耳中常闻逆耳之言，心中常有拂心之事，才是进德修行之砥石。若言言悦耳，事事快心，便把此生埋在鸩毒中矣。

二〇七　疾风怒雨，禽鸟戚戚；霁月光风，草木欣欣，可见天地不可一日无和气，人心不可一日无喜神。

二〇八　醲肥辛甘非真味，真味只是淡；神奇卓异非至人，至人只是常。

二〇九　夜深人静独坐观心，始知妄穷而真独露，每于此中得大机趣；既觉真现而妄难逃，又于此中得大惭忸。

二一〇　恩里由来生害，故快意时须早回头；败后或反成功，故拂心处切莫放手。

菜根谭

二二一　藜口苋肠者，多冰清玉洁；衮衣玉食者，甘婢膝奴颜。盖志以淡泊明，而节从肥甘丧矣。

二二二　面前的田地要放得宽，使人无不平之叹；身后的惠泽要流得长，使人有不匮之思。

【品读】

西汉有个叫朱买臣的人，家境贫寒却十分钟爱读书，只好一边靠打柴卖钱维持生计，一边潜心读书。所以人们经常会在大街上看到他负薪读书的身影，并对他赞赏有加，但是和他一起走路的妻子，却认为这件事很丢人，便跟他发脾气，指责他在途中诵读有失体统。谁知，朱买臣不但不听从，还把读书的声音提高了。他的妻子恼羞成怒，便打算离开他。朱买臣说：'我五十岁时就会富贵的，你已经跟我吃了这么多年的苦，再等我几年不行吗？'妻子生气地说：'像你这样的穷书生，只会饿死，哪有可能富贵？'于是妻子改嫁他人，弃朱买臣于不顾。

朱买臣后来因同乡庄助推荐，得到武帝赏识，并得到太守的职位。朱买臣赴职时正赶上郡邸官吏开怀畅饮。因为朱买臣穿着朴素，官吏们对他不理不睬。闲来无趣，朱买臣便和守门人吃喝起来。酒足饭饱后，朱买臣不小心将怀内印章丝带露了出来。守门人拔出丝带，发现眼前这个人就是新上任的太守，急忙出门向众吏报告。

众人异常畏惧，战战兢兢。朱买臣衣锦还乡，受到当地人的热烈欢迎，场面十分壮观。朱买臣在路边看见前妻与其夫，便令后车同载而归。

朱买臣相信有才必能尽其用，忘我读书，胸怀广阔，根本没有不平之叹。而他的妻子正好相反，放不下富贵,敞不开心胸,最后和富贵擦肩而过。这不同的结局正好是对『面前的田地要放得宽,使人无不平之叹』;身后的惠泽要流得长,使人有不匮之思』这句话的经典阐释。视野放远了,自然不会担心成功来得太晚,心胸广了,自然不会计较小事情。同理,一个人心胸宽厚,待人处世公平,他身边的人就不会有不平之感。留给后人的恩泽要立足长远,这样才会使子孙后代过上富足的生活。

一些,不为眼前的困境所局限。

在人生的大道上,总会遇到许多公与私之间的艰难抉择。此时,要把眼界放得高一些,把心胸放得开一些,不为眼前的困境所局限。救得他人一时,留得英名一世。种得今生善果,恩泽后代无量。

二三　路径窄处,留一步与人行;滋味浓的,减三分让人嗜。此是涉世一极乐法。

二四　做人无甚高远的事业,摆脱得俗情便入名流;为学无甚增益的工夫,减除得物累便臻圣境。

二五　宠利毋居人前,德业毋落人后,受享毋逾分外,修持毋减分中。

二六　处世让一步为高,退步即进步的张本;待人宽一分是福,利人实利己的根基。

二七　盖世的功劳,当不得一个『矜』字;弥天的罪过,当不得一个『悔』字。

二二八 完名美节，不宜独任，分些与人，可以远害全身；辱行污名，不宜全推，引些归己，可以韬光养德。

二二九 事事要留个有余不尽的意思，便造物不能忌我，鬼神不能损我。若业必求满，功必求盈者，不生内变，必招外忧。

二三〇 抗心希古①，雄节迈伦；穷且弥坚，老当益壮。脱落俦侣②，如独象之行踪；超腾风云，若大龙之起舞。

【注释】

①抗心希古：使自己志节高尚，以古代的贤人为榜样。②俦侣：伴侣。朋辈。

【译文】

以古代的贤人为榜样，高尚的志节超越世俗；处境越穷困，意志应当越坚定，年纪虽老而志气更旺盛。失去伴侣或朋友，就好像一只孤独的象在行走；在风中云间跳跃，就像威武的龙在跳舞。

二三一 攻人之恶毋太严，要思其堪受；教人以善毋过高，当使其可从。

二三二 粪虫至秽，变为蝉而饮露于秋风；腐草无光，化为萤而耀采于夏月。故知洁常自污出，明每从暗生也。

二二三 矜高倨傲，无非客气，降伏得客气下，而后正气伸；情欲意识，尽属妄心，消杀得妄心尽，而后真心现。

二二四 饱后思味，则浓淡之境都消；色后思淫，则男女之见尽绝。故人当以事后之悔悟，破临事之痴迷，则性定而动无不正。

二二五 居轩冕之中，不可无山林的气味；处林泉之下，须要怀廊庙的经纶。

二二六 处世不必邀功，无过便是功；与人不要感德，无怨便是德。

二二七 忧勤是美德，太苦则无以适性怡情；淡泊是高风，太枯则无以济人利物。

二二八 事穷势蹙之人，当原其初心；功成行满之士，要观其末路。

二二九 富贵家宜宽厚而反忌克，是富贵而贫贱其行，如何能享？聪明人宜敛藏而反炫耀，是聪明而愚懵其病，如何不败！

二三〇　人情反覆，世路崎岖。行不去，须知退一步之法；行得去，务加让三分之功。

二三一　待小人不难于严，而难于不恶；待君子不难于恭，而难于有礼。

二三二　宁守浑噩而黜聪明，留些正气还天地；宁谢纷华而甘淡泊，遗个清名在乾坤。

二三三　降魔者先降其心，心伏则群魔退听；驭横者先驭其气，气平则外横不侵。

二三四　养弟子如养闺女，最要严出入，谨交游。若一接近匪人，是清净田中下一不净的种子，便终身难植嘉苗矣。

二三五　欲路上事，毋乐其便而姑为染指，一染指，便深入万仞；理路上事，毋惮其难而稍为退步，一退步，便远隔千山。

二三六　念头浓者，自恃厚，待人亦厚，处处皆厚；念头淡者，自待薄，待人亦薄，事事皆薄。

故君子居常嗜好，不可太浓艳，亦不宜太枯寂。

二三七 彼富我仁，彼爵我义，君子故不为君相所牢笼；人定胜天，志一动气，君子亦不受造化之陶铸。

二三八 立身不高一步立，如尘里振衣、泥中濯足，如何超达？处世不退一步处，如飞蛾投烛、羝羊触藩，如何解脱？

二三九 学者要收拾精神并归一处。如修德而留意于事功名誉，必无实诣；读书而寄兴于吟咏风雅，定不深心。

二四〇 人人有个大慈悲，维摩屠额无二心也；处处有种真趣味，金屋茅檐非两地也。只是欲闭情封，当面错过，便咫尺千里矣。

二四一 进德修行，要个木石的念头，若一有欣羡，便趋欲境；济世经邦，要段云水的趣味，若一有贪著，便堕危机。

二四二　肝受病则目不能视，肾受病则耳不能听。病受于人所不见，必发于人所共见。故君子欲无得罪于昭昭，先无得罪于冥冥。

二四三　福莫福于少事，祸莫祸于多心。惟少事者方知少事之为福；惟平心者始知多心之为祸。

二四四　处治世宜方，处乱世当圆，处叔季之世当方圆并用。待善人宜宽，待恶人当严，待庸众之人宜宽严互存。

二四五　我有功于人不可念，而过则不可不念；人有恩于我不可忘，而怨则不可不忘。

二四六　心地干净，方可读书学古。不然，见一善行，窃以济私；闻一善言，假以覆短。是又藉寇兵而赍盗粮矣。

二四七　奢者富而不足，何如俭者贫而有余。能者劳而俯怨，何如拙者逸而全真。

二四八　读书不见圣贤，如铅椠佣。居官不爱子民，如衣冠盗。讲学不尚躬行，如口头禅。立业不思种德，如眼前花。

二四九　人心有部真文章，都被残编断简封固了；有部真鼓吹，都被妖歌艳舞湮没了。学者须扫除外物，直觅本来，才有个真受用。

二五〇　苦心中常得悦心之趣；得意时便生失意之悲。

二五一　富贵名誉自道德来者，如山林中花，自是舒徐繁衍。自功业来者，如盆槛中花，便有迁徙废兴。若以权力得者，其根不植，其萎可立而待矣。

二五二　栖守道德者，寂寞一时；依阿权势者，凄凉万古。达人观物外之物，思身后之身，宁受一时之寂寞，毋取万古之凄凉。

二五三　春至时和，花尚铺一段好色，鸟且啭几句好音。士君子幸列头角，复遇温饱，不思立好言、行好事，虽是在世百年，恰似未生一日。

二五四　学者有段兢业的心思，又要有段潇洒的趣味。若一味敛束清苦，是有秋杀无春生，何以发育万物？

二五五 真廉无廉名,立名者正所以为贪;大巧无巧术,用术者乃所以为拙。

二五六 心体光明,暗室中有青天;念头暗昧,白日下有厉鬼。

二五七 人知名位为乐,不知无名无位之乐为最真;人知饥寒为忧,不知不饥不寒之忧为更甚。

二五八 为恶而畏人知,恶中犹有善路;为善而急人知,善处即是恶根。

二五九 天之机缄不测,抑而伸、伸而抑,皆是播弄英雄、颠倒豪杰处。君子只是逆来顺受、居安思危,天亦无所用其伎俩矣。

二六〇 福不可邀,养喜神以为招福之本;祸不可避,去杀机以为远祸之方。

二六一 十语九中,未必称奇,一语不中,则愆尤骈集;十谋九成,未必归功,一谋不成,则訾议丛兴。君子所以宁默毋躁,宁拙毋巧。

二六二 天地之气,暖则生,寒则杀。故性气清冷者,受享亦凉薄。惟气和暖心之人,其福亦厚,其泽亦长。

【品读】

有用柴草生火经历的人都知道，要点燃木柴，先要用干枯的细枝去引火，火才能越烧越大；如果里面有湿柴，刚燃的火苗很快就会熄灭。但是，一旦火堆燃烧起来了，即便扔进去的是刚砍的湿木头，很快也会被火焰带动起来，一起燃烧。这其中便蕴含了《菜根谭》所讲的一个道理：用足够的真诚去感染他人，就能让对方感受到善意，并能在我们身陷险境时给予帮助。

秦缪公当政时，秦国遭遇大饥荒，国势危急。想到曾经有恩于晋国，秦缪公认为如果派人去向晋国求救，晋国应该会出于感激而资助自己。可是晋国不但不给秦国援助，还趁机派兵攻打秦国。

秦缪公大怒，便对全国百姓说：「我们秦国曾有恩于晋国，可是晋国忘恩负义，还乘人之危，攻打我们，是可忍孰不可忍！我们一定要他们知道这样做的后果。」于是缪公派丕豹带领军队攻打晋国，而且旗开得胜。

但是毕竟秦国刚逢大灾，国库空虚，不宜久战。可秦缪公出于一时愤怒做出继续追击晋军的错误决定。

这天，秦缪公带领自己的几个手下，一直追到晋国腹地，渐渐地和大队人马失去了联系。被逼到死地的晋军见秦缪公人少，趁机包围了秦缪公和他的几个手下。眼见着寡不敌众的时候，晋国的军队大乱。原来有一群人在晋军后面来了个突然袭击。这些人都是曾经受过秦缪公恩惠的人。这些人感恩戴德，便在秦缪公有难时给予了及时的帮助，帮他渡过了难关。

孟子说：「得道者多助，失道者寡助。」晋国忘恩负义引来战事，秦国施惠散义赢得援助。战争就是这样充满戏剧性，而冲突的解决往往有利于那些道德上略高一筹的人。

菜根谭

在日常工作中，人与人免不了互相帮忙。但帮助必须是诚挚的。这不仅使付出的人和接收关爱的人都有成就感，还会使当事双方都受益。当一个人尽自己所能成人之美时，他就是在帮助自己。当接受帮助的人心存感激时，施助者也会感受到一种温情，这种温情让人感觉更舒服。那种因为使别人幸福而令自身欣喜的感觉，让人知道幸福的真正含义。

当我们的善意被对方接受时，我们的幸福也就来到了。而且这样得来的幸福会像《菜根谭》说的那样『福亦厚，其泽亦长』。

二六三　天理路上甚宽，稍游心，胸中便觉广大宏朗；人欲路上甚窄，才寄迹，眼前俱是荆棘泥涂。

二六四　一苦一乐相磨炼，练极而成福者，其福始久；一疑一信相参勘，勘极而成知者，其知始真。

二六五　地之秽者多生物，水之清者常无鱼，故君子当存含垢纳污之量，不可持好洁独行之操。

二六六　泛驾之马，可就驰驱，跃冶之金，终归型范。只一优游不振，便终身无个进步。白沙云：『为人多病未足羞，一生无病是吾忧。』真确实之论也。

二六七　人只一念贪私，便销刚为柔，塞智为昏，变恩为惨，染洁为污，坏了一生人品。故古人以不贪为宝，所以度越一世。

二六八 耳目见闻为外贼，情欲意识为内贼，只是主人公惺惺不昧，独坐中堂，贼便化为家人矣。

二六九 图未就之功，不如保已成之业；悔既往之失，亦要防将来之非。

二七〇 气象要高旷，而不可疏狂。心思要缜缄，而不可琐屑。趣味要冲淡，而不可偏枯。操守要严明，而不可激烈。

二七一 风来疏竹，风过而竹不留声；雁度寒潭，雁过而潭不留影。故君子事来而心始现，事去而心随空。

二七二 清能有容，仁能善断，明不伤察，直不过矫，是谓蜜饯不甜、海味不咸，才是懿德。

二七三 贫家净扫地，贫女净梳头。景色虽不艳丽，气度自是风雅。士君子当穷愁寥落，奈何辄自废弛哉！

菜根谭

二七四　闲中不放过，忙中有受用。静中不落空，动中有受用。暗中不欺隐，明中有受用。

二七五　念头起处，才觉向欲路上去，便挽从理路上来。一起便觉，一觉便转，此是转祸为福、起死回生的关头，切莫当面错过。

二七六　天薄我以福，吾厚吾德以迓之；天劳我以形，吾逸吾心以补之；天厄我以遇，吾亨吾道以通之。天且奈我何哉！

二七七　真士无心邀福，天即就无心处牖其衷；险人著意避祸，天即就著意中夺其魂。可见天之机权最神，人之智巧何益！

二七八　声妓晚景从良，一世之烟花无碍；贞妇白头失守，半生之清苦俱非。语云：『看人只看后半截』，真名言也。

二七九　平民肯种德施惠，便是无位的卿相；仕夫徒贪权市宠，竟成有爵的乞人。

二八〇　问祖宗之德泽，吾身所享者是，当念其积累之难；问子孙之福祉，吾身所贻者是，要

二八一　君子而诈善，无异小人之肆恶；君子而改节，不若小人之自新。

二八二　家人有过，不宜暴扬，不宜轻弃。此事难言，借他事而隐讽之。今日不悟，俟来日正警之。如春风之解冻，和气之消冰，才是家庭的型范。

二八三　遇艳艾①于密室，见遗金于旷郊，甚于两块试金石；受眉睫之横逆，闻萧墙②之逸诟，即是他山攻玉砂。

【注释】

① 艾：美好。② 萧墙：出自《论语》，表示内部祸乱之意。

【译文】

密室遇艳，荒野见金，是考验一个人品德的两块试金石；遭到横眉竖眼的指责，听别人在背后说自己的坏话，（如果你不反击的话）就是可以『攻玉』的『他山之石』。

二八四　此心常看得圆满，天下自无缺陷之处所；此心常放得宽平，天下自无险侧之人情。思其倾覆之易。

二八五　淡泊之士，必为浓艳者所疑；检饬之人，多为放肆者所忌。君子处此，固不可少变其操履，亦不可太露其锋芒。

二八六　居逆境中，周身皆针砭药石，砥节砺行而不觉；处顺境内，满前尽兵刃戈矛，销膏靡骨而不知。

二八七　生长富贵丛中者，嗜欲如猛火，权势似烈焰。若不带些清冷气味，其火焰不至焚人，必将自焚。

二八八　人心一真，便霜可飞、城可陨、金石可贯。若伪妄之人，形骸徒具，真宰已亡。对人则面目可憎，独居则形影自愧。

二八九　文章做到极处，无有他奇，只是恰好；人品做到极处，无有他异，只是本然。

二九○　以幻迹言，无论功名富贵，即肢体亦属委形；以真境言，无论父母兄弟，即万物皆吾一体。人能看得破，认得真，才可以任天下之负担，亦可脱世间之缰锁。

二九一　爽口之味，皆烂肠腐骨之药，五分便无殃；快心之事，悉败身散德之媒，五分便无悔。

二九二　不责人小过，不发人阴私，不念人旧恶，三者可以养德，亦可以远害。

二九三　天地有万古，此身不再得；人生只百年，此日最易过。幸生其间者，不可不知有生之乐，亦不可不怀虚生之忧。

二九四　老来疾病，都是壮时招得；衰时罪孽，都是盛时作得。故持盈履满，君子尤兢兢焉。

二九五　市私恩不如扶公议，结新知不如敦旧好，立荣名不如种阴德，尚奇节不如谨庸行。

二九六　公平正论不可犯手，一犯手则贻羞万世；权门私窦不可著脚，一著脚则玷污终身。

二九七　曲意而使人喜，不若直节而使人忌；无善而致人誉，不如无恶而致人毁。

二九八　处父兄骨肉之变，宜从容不宜激烈；遇朋友交游之失，宜剀切不宜优游。

菜根谭

二九九 小处不渗漏，暗处不欺隐，末路不怠荒，才是真正英雄。

三〇〇 惊奇喜异者，终无远大之识；苦节独行者，要有恒久之操。

三〇一 当怒火欲水正腾沸时，明明知得，又明明犯着。知得是谁，犯着又是谁。此处能猛省，转念回头，便为真君子矣。

三〇二 毋偏信而为奸所欺，毋自任而为气所使，毋以己之长而形人之短，毋因己之拙而忌人之能。

【品读】

人生境界关系个人的成就、品位与气度。人生境界有高有低，有狭有宽，有大有小，境界在哪里，人生就到哪里。所以《菜根谭》说不要意气用事，不要偏信逸言，不要以己所长比他人所短，不要因自己的无能而嫉妒他人，不要妄执烦躁，应该冷静处世，这样才能清楚地衡量自己，把握人生。虽然说境界各有不同，也各有各的自在，但人生总是要由自己写就。回归本性，谦虚从事，尊重他人，不仅可以远离谄媚，也能为自己修身进福。

西汉时期，汝南的翟方进与清河的胡常曾经是同窗，在一起共同研习经学。后来虽然胡常比翟方进先当官，但在学问上的名声一直不如翟方进，因此胡常对这位昔日的同窗好友十分嫉妒，经常在别人面前讲翟方进的不是，挑他的毛病。这件事情，后来传到了翟方进耳中，他非但没有生气，反而在胡常给门生讲课时，派自己的学生去胡常处旁听，并让他们经常向胡常请教经书中的疑难问题，认真进行记录。

胡常并不知道翟方进此举动的初衷，只是过了很长一段时间后，胡常才猛然觉悟翟方进这是在有意推崇他，为他树立良好的威望，心中顿时感到惭愧。自此，胡常再也不处处与翟方进作对，反而改变了以往的做法，无论是为官，还是论学，都对翟方进极度称赞。

翟方进不以自己的长处比人家的短处，也不像胡常那样因自己的不及而妒忌他人。他宽容待人，谦虚处事，尊重他人，最终也赢得了别人的尊重。

比他人之短，嫉妒他人的人，总是会有的。『生活不是攀比，幸福源自珍惜。』嫉恨别人，于是竭力贬低、败坏别人的进步和成就总是不屑一顾，看不到自己和别人之间的差距，不想奋力赶上。这样，自己与被嫉妒者之间，必然拉开更大的距离，到头来自己只能是越来越落后。

嫉妒人家，无非是怕人家比自己强。但是，怕也无济于事，嫉妒不能给自己增加什么好处，反而更加显示自己的落后、狭隘。

常说人的精神境界要高，越高越好，但人的行为举止，要尽量低调，因为只有在低处，你向上的势能才更大更足。所以，做人有时候需要像静静的流水一般，不论在什么情况下都不让自己锋芒毕露，树敌太多。

人各有长短，看到自己长处的同时，也要看到自己的短处；看到他人的短处时，也应看到他人的长处。发扬己长，克服己短，学习人长，避开己短，这才是积极的态度和方法。

为人处世一定要把握一个度，不要把自己看得太高，不要到处争强好胜，应收敛锋芒，平淡处世，这样在人生的道路上才能走得更好。

三〇三 人之短处，要曲为弥缝，如暴而扬之，是以短攻短；人有顽的，要善为化诲，如忿而嫉之，是以顽济顽。

【品读】

别人犯了错误，有了短处，你耳闻目睹，关键是要懂得保持沉默，可以在没有旁人的时候会心交谈，让对方改正，千万不要宣扬。否则，不仅将他人推入窘境，也有可能为自己树立了一个敌人。即使对方固执，你也应当耐心说服，不能以硬碰硬。

看过鲁迅《阿Q正传》的人都知道阿Q有一头癞疮，他平时最忌恨别人说他这点。"打人莫打脸，骂人不揭短"，谁都会有不完美的地方，如果刻薄地非揪住他人的短处不放，那结果肯定是不欢而散。此时要懂得用发自内心的诚意以切实的言行引导和感化他人。

春秋末期，齐国和楚国都是大国。有一次，齐王派晏子去访问楚国。楚王仗着自己国势强盛，想乘机侮辱晏子，显显楚国的威风。

楚王知道晏子身材矮小，就叫人在城门旁边开了一个五尺来高的洞。晏子来到楚国，楚王叫人把城门关了，让晏子从这个洞进去。晏子看了看，对接待的人说："这是个狗洞，不是城门。只有访问'狗国'，才从狗洞进去。我在这儿等一会儿，你们先去问个明白，楚国到底是个什么样的国家？"接待的人立刻把晏子的话传给了楚王，楚王只好吩咐打开城门，迎接晏子。

晏子见了楚王，楚王瞅了他一眼，冷笑一声，说：『难道齐国没有人了吗？』晏子严肃地回答：『这是什么话？我国首都临淄住满了人。大伙儿把袖子举起来，就是一片云；大伙儿甩一把汗，就是一阵雨；街上的行人肩膀擦着肩膀，脚尖碰着脚跟。大王怎么说齐国没有人呢？』楚王说：『既然有那么多人，为什么打发你来呢？』晏子装着很为难的样子，说：『您这一问，我实在不好回答。撒谎吧，怕犯了欺骗大王的罪；说实话吧，又怕大王生气。』楚王说：『实话实说，我不生气。』晏子拱了拱手，说：『敝国有个规矩：访问上等的国家，就派上等人去；访问下等的国家，就派下等人去。我最不中用，所以派到这儿来了。』说着他故意笑了笑，楚王只好赔着笑。

接着，楚王安排酒席招待晏子。正当他们吃得高兴的时候，有两个武士押着一个囚犯从堂下走过。楚王看见了，问他们：『那个囚犯犯的什么罪？他是哪里人？』武士回答说：『犯了盗窃罪，是齐国人。』

楚王笑嘻嘻地对晏子说：『齐国人怎么这样没出息，干这种事儿？』楚国的大臣们听了，都得意扬扬地笑起来，以为这一下可让晏子丢尽了脸。哪知晏子面不改色，站起来，说：『大王怎么不知道啊？淮南的柑橘，又大又甜。可是橘树一种到淮北，就只能结又小又苦的枳，还不是因为水土不同吗？同样道理，齐国人在齐国安居乐业，好好地劳动，一到楚国，就做起盗贼来了，也许是两国的水土不同吧。』楚王听了，只好赔不是，说：『我原来想取笑大夫，没想到反让大夫取笑了。』

从这以后，楚王不敢不尊重晏子了。

楚王有失礼节，晏子知礼且据理力争，几个回合下来，楚王输给了晏子，并且心服口服。假如当初晏

菜根谭

三〇四 遇沉沉不语之士，且莫输心；见悻悻自好之人，应须防口。

【品读】

《菜根谭》讲：「遇沉沉不语之士，且莫输心；见悻悻自好之人，应须防口」。如果遇到一个表情阴沉、不喜欢说话的人，千万不要推心置腹表现自己的真情，如果遇到一个自以为是、固执己见的人，要小心谨慎，尽量不和他说话。在与人交往的过程中要善于辨别，慎重选择，不要因为错选了朋友而影响了自己的一生。

俗话说，在家靠父母，出门靠朋友。朋友在我们的生活、工作中扮演了极为重要的角色。会交友，广交友，交好友，应该把握一定的尺度，这样方能取朋友之利，助你一臂之力。另外，对待朋友要真诚坦率，设身处地为朋友着想，这样朋友间的友谊才会天长地久。

然而选准真朋友并不简单，所以古人常有「相识满天下，知音能几人」的慨叹。

一天傍晚，有两个要好的朋友在林中散步。突然，有个人惊慌失措地从林中跑了出来，拉住那个人问：「你为什么如此惊慌，到底发生了什么事情？」那人忐忑不安地说：「我正在移植一棵小树，却忽然在土里发现了一坛金子。」两个人对视一眼，说：「你这个人真蠢，挖出了黄金还被吓得魂不附体，真是太好笑了。」

随后他们又交换了一下眼色问道：「你是在哪里发现的，告诉我们吧，我们不害怕。」那人说：「还是不要去了，这东西会吃人的。」两个人异口同声地说：「我们不怕，你就告诉我们黄金在哪里吧。」

那人告诉了他们具体的地点，两个人跑进树林，果然在那个地方找到了黄金。其中一人说：「我们要是现在把黄金运回去，不太安全，还是等天黑再往回运吧。这样吧，现在我留在这里看着，你先回去拿点饭菜，我们在这里吃过饭，等半夜再把黄金运回去。」

于是，另一个人就回去拿饭菜了。留下的人看着满坛的金子，不由得动了歪心思，他想：「要是黄金都归我，那该多好呀！」而回去的那个人一边准备饭菜一边想：「如果他死了，那么黄金不就都归我了吗？」

当他提着饭菜刚到树林里，留守的人突然出现在他背后，用木棒狠狠地打向了他的头，这人当场毙命。然后，那个人拿起饭菜狼吞虎咽地吃了起来。不久之后，他也倒地抽搐起来，这才明白原来饭菜里已经被下了毒。临死前，他想起了发现金子那人说的话，说：「果真是应验了，原来金子也会吃人呀！」

故事里的这两个人根本算不得真正的朋友，他们抵不住诱惑，在利益面前互相算计，最终只会自尝苦果。

真正的友情应该具有无所求的品质，一旦有所求，「求」也就成了目的，友情就会因此转化为一种外在的装点，而丧失了最初对灵魂相知的渴望。

友有『益友』『损友』之不同。孔子说『益者三友』——『友直、友谅、友多闻，益矣』，『损者三友』——

『友便辟，友善柔、友便佞，损矣』。就是说，要与正直的、诚恳的、见闻广博的人交朋友，这才有益；同谄媚奉承、当面恭维背后诽谤、喜欢夸夸其谈的人交朋友，那是有害的。交益友，在品德上可以互相砥砺，在工作上能够互相促进，在生活上可以互相照顾，有了困难能够互相帮助，有了缺点能够互相规劝、批评，在学识上能够互相取长补短，这对一个人的成长进步无疑大有好处。反之，交了『损友』，当面说好话，背后却要手腕、使绊子，甚至攻讦戕害，自然是有害无益、有损无补了。

阴者不交，傲者勿言，主要是要求在与人交往的过程中要善于辨别，慎重选择。

三○五　念头昏散处，要知提醒；念头吃紧时，要知放下。不然恐去昏昏之病，又来憧憧之扰矣。

三○六　霁日青天，倏变为迅雷震电；疾风怒雨，倏转为朗月晴空。气机何尝一毫凝滞，太虚何尝一毫障蔽，人之心体亦当如是。

三○七　胜私制欲之功，有曰识不早、力不易者，有曰识得破、忍不过者。盖识是一颗照魔的明珠，力是一把斩魔的慧剑，两不可少也。

三○八　横逆困穷，是锻炼豪杰的一副炉锤。能受其锻炼者，则身心交益；不受其锻炼者，则身心交损。

三〇九　害人之心不可有，防人之心不可无，此戒疏于虑者。宁受人之欺，毋逆人之诈，此警伤于察者。二语并存，精明浑厚矣。

三一〇　毋因群疑而阻独见，毋任己意而废人言，毋私不惠而伤大体，毋借公论以快私情。

三一一　善人未能急亲，不宜预扬，恐来谗谮之奸；恶人未能轻去，不宜先发，恐招媒孽之祸。

三一二　一翳在眼，空花乱起；纤尘著体，杂念纷飞。了翳无花，销尘绝念。

【译文】

眼里有一个斑点，眼前就会空华乱坠；一旦让世间的俗事给迷惑了，就会胡思乱想。把眼里的白斑去掉，眼前就清楚了，摆脱世俗的羁绊，就不会胡思乱想了。

三一三　青天白日的节义，自暗室屋漏中培来；旋乾转坤的经纶，从临深履薄中操出。

三一四　父慈子孝、兄友弟恭，纵做到极处，俱是合当如是，著不得一毫感激的念头。如施者任德，受者怀恩，便是路人，便成市道矣。

三一五　炎凉之态，富贵更甚于贫贱；妒忌之心，骨肉尤狠于外人。此处若不当以冷肠，御以平气，鲜不日坐烦恼障中矣。

三一六　功过不宜少混，混则人怀惰隳之心；恩仇不可太明，明则人起携贰之志。

三一七　恶忌阴，善忌阳，故恶之显者祸浅，而隐者祸深。善之显者功小，而隐者功大。

【译文】

做了坏事最忌讳隐瞒不让别人知道，做了好事最忌讳大肆宣扬让别人知道。所以做了坏事不隐瞒的人，所受到的灾祸也就少；反之，做了坏事加以隐瞒的人，所受到的灾祸就多。做了好事便宣扬的人，功德小；做了好事不宣扬的人，功德大。

三一八　德者才之主，才者德之奴。有才无德，如家无主而奴用事矣，几何不魍魉猖狂。

三一九　锄奸杜幸，要放他一条去路。若使之一无所容，便如塞鼠穴者，一切去路都塞尽，则一切好物都咬破矣。

三二〇　士君子不能济物者，遇人痴迷处，出一言提醒之，遇人急难处，出一言解救之，亦是无量功德矣。

三二一　处己者触事皆成药石，尤人者动念即是戈矛，一以辟众善之路，一以濬诸恶之源，相去霄壤矣。

三二二　事业文章随身销毁，而精神万古如新；功名富贵逐世转移，而气节千载一时。吾信不以彼易此也。

三二三　鱼网之设，鸿则罹其中；螳螂之贪，雀又乘其后。机里藏机，变外生变，智巧何足恃哉。

三二四　作人无一点真恳的念头，便成个花子，事事皆虚；涉世无一段圆活的机趣，便是个木人，处处有碍。

三二五　有一念而犯鬼神之禁，一念而伤天地之和，一事而酿子孙之祸，最宜切戒。

三二六　事有急之不白者，宽之或自明，毋躁急以速其忿；人有切之不从者，纵之或自明，毋操切以益其顽。

三二七　节义傲青云，文章高白雪，若不以德性陶镕之，终为血气之私、技能之末。

三二八　谢事当谢于正盛之时，居身宜居于独后之地，谨德须谨于至微之事，施恩务施于不报之人。

三二九　德者事业之基，未有基不固而栋宇坚久者；心者修行之根，未有根不植而枝叶荣茂者。

三三○　道是一件公众的物事，当随人而接引；学是一个寻常的家饭，当随事而警惕。

三三一　学道之人，虽曰有心，心常在定，非同猿马之未宁；虽曰无心，心常在慧，非同株块①之不动。

【注释】
① 株块：木头与土块。喻愚昧无知。

【译文】
学道之人，在用心的时候，心时刻是安定的，而不像套在车上的马一样一会儿也不得安宁；在不用心的时候，心时刻是活跃的，而不是像木头和土块那样呆板不灵，愚顽无知。

三三一 念头宽厚的，如春风煦育，万物遭之而生；念头忌刻的，如朔雪阴凝，万物遭之而死。

三三二 勤者敏于德义，而世人借勤以济其贪；俭者淡于货利，而世人假俭以饰其吝。君子持身之符，反为小人营私之具矣，惜哉！

三三三 人之过误宜恕，而在己则不可恕；己之困辱宜忍，而在人则不可忍。

三三四 淡而浓，先浓后淡者，人忘其惠；威宜自严而宽，先宽后严者，人怨其酷。

三三五 恩宜自淡而浓，

三三六 士君子处权门要路，操履要严明，心气要和易。毋少随而近腥膻之党，亦毋过激而犯蜂虿之毒。

三三七 遇欺诈的人，以诚心感动之；遇暴戾的人，以和气熏蒸之；遇倾邪私曲的人，以名义气节激励之。天下无不入我陶镕中矣。

三三八 一念慈祥，可以酝酿两间和气；寸心洁白，可以昭垂百代清芬。

三三九 阴谋怪习、异行奇能，俱是涉世的祸胎。只一个庸德庸行，便可以完混沌而招和平。

三四〇 语云：『登山耐险路，踏雪耐危桥』。一『耐』字极有意味。如倾险之人情、坎坷之世道，若不得一『耐』字撑持过去，几何不坠入榛莽坑堑哉！

三四一 夸逞功业炫耀文章，皆是靠外物做人。不识心体莹然，本来不失，即无寸功只字，亦自有堂堂正正做人处。

三四二 不昧己心，不拂人情，不竭物力，三者可以为天地立心，为生民立命，为后裔造福。

三四三 居官有二语曰：『惟公则生明，惟廉则生威。』居家有二语曰：『惟恕则平情，惟俭则足用。』

三四四 处安乐之场，当体患难景况；立旁观之地，要知当局苦衷；理现成之事，宜审创业艰辛。

【译文】

日子好过的时候，要体会当初患难与共的时候的境况；身为旁观的外人，要体谅局内人的苦衷；现在做什么事情，都要想一想当初开始的时候是多么不容易。

三四五 持身不可太皎洁，一切污辱垢秽亦要茹纳；与人不可太分明，一切善恶贤愚须要涵容。

三四六　休与小人仇雠,小人自有对头;休向君子谄媚,君子原无私惠。

三四七　磨砺当如百炼之金,急就者非邃养;施为宜似千钧之弩,轻发者无宏功。

三四八　建功立业者,多虚圆之士;偾事失机者,必执拗之人。

三四九　俭,美德也,过则为悭吝、为鄙啬,反伤雅道;让,懿行也,过则为足恭、为曲礼,多出机心。

三五〇　毋忧拂意,毋喜快心,毋恃久安,毋惮初难。

三五一　仁人心地宽舒,便福厚而庆长,事事成个宽舒气象;鄙夫念头迫促,便禄薄而泽短,事事成个迫促规模。

三五二　用人不宜刻,刻则思效者去;交友不宜滥,滥则贡谀者来。

三五三　大人不可不畏,畏大人则无放逸之心;小民亦不可不畏,畏小民则无豪横之名。

三五四　事稍拂逆，便思不如我的人，则怨尤自消；心稍怠荒，便思胜似我的人，则精神自奋。

三五五　不可乘喜而轻诺，不可因甘而过食，不可乘快而多事，不可因倦而鲜终。

三五六　钓水，逸事也，尚持生杀之柄；弈棋，清戏也，且动战争之心。可见喜事不如省事之为适，多能不如无能之全真。

三五七　听静夜之钟声，唤醒梦中之梦；观澄潭之月影，窥见身外之身。

三五八　鸟语虫声，总是传心之诀；花英草色，无非见道之文。学者要天机清澈，胸次玲珑，触物皆有会心处。

三五九　人解读有字书，不解读无字书；知弹有弦琴，不知弹无弦琴。以迹用不以神用，何以得琴书佳趣？

三六〇　山河大地已属微尘，而况尘中之尘！血肉身躯且归泡影，而况影外之影！非上上智，无了了心。

【品读】

郭德成是元末明初人,性格豁达,十分机敏,特别喜欢喝酒。在元末动乱的年代里,他和哥哥郭兴一起随朱元璋转战沙场,立下了不少战功。

朱元璋做了明朝开国皇帝后,当初追随他打天下的将领纷纷加官晋爵,待遇优厚,成为朝中达官贵人。郭德成仅仅做了戏骑舍人这样一个普通的官。

一次,朱元璋召见郭德成,说道:"德成啊,你的功劳不小,我给你个大官做吧。"郭德成连忙推辞说:"感谢皇上对我的厚爱,但是我脑袋瓜不灵,整天不问政事,只知道喝酒,一旦做大官,那不是害了国家又害了自己吗?"

朱元璋见他坚辞不受,内心十分赞赏,于是将大量好酒和钱财赏给郭德成,还经常邀请郭德成到御花园喝酒。

一次,郭德成兴冲冲赶到御花园陪朱元璋喝酒。眼见花园内景色优美,桌上美酒芳香四溢,他忍不住酒性大发,连声说道:"好酒,好酒!"随即陪朱元璋痛饮起来。杯来盏去,渐渐地,郭德成脸色发红,但他依然一杯接一杯喝个不停。眼看时间不早,郭德成烂醉如泥,跟跟跄跄地走到朱元璋面前,弯下身子,低头辞谢,结结巴巴地说道:"谢谢皇上赏酒!"

朱元璋见他醉态十足,衣冠不整,头发凌乱,笑道:"看你头发披散,语无伦次,真是个醉鬼疯汉。"

郭德成摸了摸散乱的头发,脱口而出:"皇上,我最恨这乱糟糟的头发,要是剃成光头,那才痛快呢。"

朱元璋一听此话,脸涨得通红,心想:这小子怎么敢这样大胆地侮辱自己。他正想发怒,看见郭德成

菜根谭

仍然傻乎乎地说着，便沉默下来，转而一想：也许是郭德成酒后失言，不妨冷静观察，以后再整治他不迟。

想到这里，朱元璋虽然闷闷不乐，但还是高抬贵手，让郭德成回了家。

郭德成酒醉醒来，一想到自己在皇上面前失言，恐惧万分，冷汗直流。原来，朱元璋少时曾在皇觉寺做和尚，最忌讳的就是『光』『僧』等字眼。因此字眼获罪的大有人在。郭德成怎么也想不到，自己这样糊涂，这样大胆，竟然戳了皇上的痛处。

郭德成知道朱元璋不会轻易放过自己，以后难免有杀身之祸。他仔细地想着脱身之法：向皇上解释，不行，更会增加皇上的嫉恨；不解释，自己已经铸成大错。难道真的要为这事赔上身家性命不成？郭德成左右为难，苦苦地为保全自身寻找妙计。

过了几天，郭德成继续喝酒，狂放不羁。后来，他进寺庙剃光了头，真的做了和尚，整日身披袈裟，念着佛经。

朱元璋看见郭德成真做了和尚，心中的疑虑、嫉恨全消，还向自己的妃子赞叹说：『德成真是个奇男子，原先我以为他讨厌头发是假，想不到真是个醉鬼和尚。』说完，哈哈大笑起来。

后来，朱元璋猜忌有功之臣，原来的许多大将纷纷被他找借口杀掉了，而郭德成竟保全了性命。

郭德成的聪明之处在于他能够不贪恋权位、及时退避，最终在朱元璋的铁腕之下保住了性命。

俗话说，人往高处走，水往低处流。人们追逐功名原本无可厚非，但若为功名所累就得不偿失了。一些人一旦功名在手就再也舍不得放弃了，甚至还想『百尺竿头更进一步』。可惜多走一步就是从『竿头』摔下，顷刻间摔得粉身碎骨。

渺小，泡影般短暂。功名利禄这些外在的事物，岂不是更为短暂和渺小，人们又何必那么在乎呢？

三六一　石火光中，争长竞短，几何光阴？蜗牛角上，较雌论雄，许大世界？

三六二　延促由于一念，宽窄系之寸心。故机闲者一日遥于千古，意宽者斗室广于两间。

三六三　都来眼前事，知足者仙境，不知足者凡境；总出世上因，善用者生机，不善用者杀机。

三六四　趋炎附势之祸，甚惨亦甚速；栖恬守逸之味，最淡亦最长。

三六五　色欲火炽，而一念及病时，便兴似寒灰；名利饴甘，而一想到死地，便味如嚼蜡。故人常忧死虑病，亦可消幻业而长道心。

三六六　争先的径路窄，退后一步自宽平一步；浓艳的滋味短，清淡一分自悠长一分。

三六七　隐逸林中无荣辱，道义路上泯炎凉。进步处便思退步，庶免触藩之祸；着手时先图放手，

三六八 贪得者，分金恨不得玉，封公怨不授侯，权豪自甘乞丐；知足者，藜羹旨于膏粱，布袍暖于狐貉，编民不让王公。

三六九 矜名不如逃名趣，练事何如省事闲。孤云出岫，去留一无所系；朗镜悬空，静躁两不相干。

三七〇 山林是胜地，一营恋便成市朝；书画是雅事，一贪痴便成商贾。盖心无染著，俗境是仙都；心有丝牵，乐境成悲地。

三七一 时当喧杂，则平日所记忆者皆漫然忘去；境在清宁，则夙昔所遗忘者又恍尔现前。可见静躁稍分，昏明顿异也。

【品读】

人生最好的境界是安静，但是安静不是为了享受，而是为了收获人生的丰富。只有丰富的安静才是真正的安静。一个人安静，是因为摆脱了外界虚名浮利的诱惑。安静的人能收获丰富，是因为拥有内在精神世界的宝藏。太热闹的生活始终有一个危险，就是被喧杂所占有，渐渐误以为喧杂就是生活，最后只剩下了喧杂，没有了生活。

才脱骑虎之危。

捧着一本书,如果心不静,再好的书也读不进去,更不用说领会其中妙处了。读生活这本书也是如此,只有安静下来,人的心灵和感官才是真正开放的,从而变得敏锐,与世界的万事万物处在一种最佳关系之中。

一位皇帝提供了一份非常优厚的奖金,希望有人能画出最平静的画,以便自己在心情烦躁时能拿来缓解情绪。许多画家来尝试。皇帝看完所有的画,只有两幅他最喜欢。

一幅画是一个平静的湖,湖面如镜,倒映出周围的群山,上面点缀着如絮的白云。凡看到此画的人都认为这是描绘平静的最佳图画。

另一幅画是山,但都是光秃秃的山,天空下着大雨,雷电交加。山边翻腾着一道涌起泡沫的瀑布,看起来一点都不平静。当皇帝靠近时,他看见瀑布后面有一个小树丛,其中有一母鸟筑成的巢。在那里,在怒奔的水流旁,母鸟平静地卧在它的巢里。

皇帝选择了后者,奖金给了画这幅画的画家。

『平静』作为一个形容词,如果正面地去画,只会让画面缺乏新意,反着去画又会偏离『平静』的主题,在对比中的『平静』最切题。

真正的生活从来不是一汪平静的湖水,太过静寂的生活反而让人觉得乏味。如何在纷扰中保持镇定和清醒、如何在平淡的生活中持之以恒是心灵宁静的两个方面。

弘一法师极力避免陷入名利的泥沼而自污其身,因此从不轻易接受善男信女的礼拜供养。他每到一处弘法,都要先立三约:一不为人师,二不开欢迎会,三不登报吹嘘。

那时法师在温州庆福寺闭关静修,温州道尹张宗祥慕名前来拜访。能与道尹结交,是一般人求之不得

三七二　芦花被下卧雪眠云，保全得一窝夜气；竹叶杯中吟风弄月，躲离了万丈红尘。

【品读】

杜甫曾在一首诗中写道：「清江一曲抱村流，长夏江村事事幽。自去自来梁上燕，相亲相近水中鸥。老妻画纸为棋局，稚子敲针作钓钩。多病所需唯药物，微躯此外更何求。」

这首诗的大意是：人有了病之后，不要精神不振，更不要失去生活的信心，自寻烦恼。要多去环境幽的环境已经风起云涌，他也会坚持自己的生活和本性，发掘每天的美好。

当一个人心境不平时，喧嚣的环境就像麦芒一样刺痒我们的生活，而当一个人心境安定时，哪怕周围比如和家人享受一日三餐，享受朋友间的温情，享受不为名利纠缠的安心……

活中，感触生活中细微之处，不要无所事事、碌碌无为，更不要对生活麻木，让平凡不死寂的方法很多，比如坚持梦想，比如闹市读书，比如淡泊名利……在平凡的生在喧嚣的环境中，专注于所从事的事，

清了，才能专注于修行。弘一法师研修律宗，最后能成为一代宗师，与他此种心境是分不开的。

一个人，心要像明月一样皎洁，像天空一样明朗，才能做到在世俗纷扰面前保持镇定和清醒，心定神

张道尹无奈，只好怏怏而去。

了生死大事，乞婉言告以抱病不见客可也！」

祥的名片代为求情，弘一法师央告师父，甚至落泪：「师父慈悲！师父慈悲！弟子出家，纯为

的事情，法师却拒不相见。无奈张宗祥深慕法师大名，非见不可，弘一法师的师父寂山法师只好拿着张宗

静的地方散心解闷，看一看自由自在的飞燕，相亲相爱的鸥鸟，寻找生活中的乐趣，这样便可心悦而减少疾病。另外，要治病，除了吃药外，还可以下棋以怡心，钓鱼以抒怀。

如果我们把自己融入大自然中，大自然就会敞开心胸，把日月星辰、山山水水、花草树木、飞禽走兽、空气海洋无私地赐给我们，就看我们会不会利用它。如果我们热爱它、亲近它，就能与其和谐相处，并且拥有万贯家财买不到的健康。

生活在都市中的现代人，平时接触的都是高楼大厦、车水马龙，时间长了，就会有许多的烦恼。利用闲暇走出城市，走进自然，是种不错的选择。

某地有个远近闻名的长寿村，那里环境幽美，树木茂盛，空气清新，泉水甘甜。据说，百岁以上的老人就有五十多人，下地干活的八旬老翁屡见不鲜。有位健康专家到那里做了深入调查后，得出的结论是：这儿之所以生病的人少、长寿的人多，全都是大自然的恩赐。

王子猷弃官后住在山阴，一天夜晚下大雪，他睡觉醒来，打开房门，命仆人酌酒，四周望去，白茫茫一片，就起身徘徊，吟咏左思的《招隐诗》，忽然想起戴安道（戴逵字安道）。当时戴安道在剡县，王子猷就在夜晚乘小船到戴安道那里。行了一夜才到，到戴安道门前却不上前敲门就又返回了。有人问他这样做的缘故，王子猷回答说：『我本来是乘兴而来，现在兴尽就返回家，为什么一定要见到戴安道？』

趣味在心，而不在境遇。这种趣味并不是说一个人的兴起处，宁可夜晚渡船也要去体会这份趣味，兴尽时，即使到了门前也会调转船头。

如果不能像《菜根谭》描述的那样「芦花被下卧雪眠云」，「竹叶杯中吟风弄月」，至少还可以找片清净之地，听听风声、晒晒太阳，也听听自己的心声，晒晒自己的心事。

三七三　出世之道，即在涉世中，不必绝人以逃世；了心之功即在尽心内，不必绝欲以灰心。

三七四　此身常放在闲处，荣辱得失，谁能差遣我？此心常安在静中，是非利害，谁能瞒昧我？

三七五　我不希荣，何忧乎利禄之香饵；我不竞进，何畏乎仕宦之危机。

三七六　多藏厚亡，故知富不如贫之无虑；高步疾颠，故知贵不如贱之常安。

三七七　世上只缘认得『我』字太真，故多种种嗜好、种种烦恼。前人云：『不复知有我，安知物为贵。』又云：『知身不是我，烦恼更何侵。』真破的之言也。

三七八　人情世态，倏忽万端，不宜认得太真。尧夫云：『昔日所云我，今朝却是伊』；不知今日我，又属后来谁？』人常作如是观，便可解却胸胃矣！

三七九 视民为吾民，善善恶恶或不均；视民为吾心，慈善悲恶无不真。故曰天地同根，万物一体，是谓同仁。

三八〇 有一乐境界，就有一不乐的相对待；有一好光景，就有一不好的相乘除。只是寻常家饭、素位风光，才是个安乐窝巢。

三八一 知成之必败，则求成之心不必太坚；知生之必死，则保生之道不必过劳。

三八二 眼看西晋之荆榛，犹矜白刃；身属北邙之狐兔，尚惜黄金。语云：『猛兽易伏，人心难降。溪壑易填，人心难满。』信哉！

三八三 心地上无风涛，随在皆青山绿树；性天中有化育，触处都鱼跃鸢飞。

三八四 静极则心通，言志则体会。是以会通之人，心若悬鉴，口若结舌，形若槁木，气若霜雪。

【译文】

宁静到了极处心才能明白，语言到了多余的时候身体才能领会。所以，彻悟之人，心里像明镜似的，但不多说话，外表看起来似枯萎的树木，气质像寒冷的霜雪。

三八五　狐眠败砌,兔走荒台,尽是当年歌舞之地;露冷黄花,烟迷衰草,悉属旧时争战之场。盛衰何常,强弱安在,念此令人心灰。

三八六　宠辱不惊,闲看庭前花开花落;去留无意,漫随天外云卷云舒。

三八七　晴空朗月,何天不可翱翔,而飞蛾独投夜烛;清泉绿竹,何物不可饮啄,而鸱鸮偏嗜腐鼠。噫!世之不为飞蛾鸱鸮者,几何人哉!

三八八　游鱼不知海,飞鸟不知空,凡民不知道。是以善体道者,身若鱼鸟,心若海空,庶乎近焉。

【译文】

鱼在海里游弋,但并没有感到海的存在;鸟在天空飞翔,但并没有感到天空的存在;百姓在义理的引导下生活,但对义理没有太多的了解。所以,善于理解义理的人,身体就像鱼和鸟,心胸就像海和天,或许这样才能接近天理吧。

三八九　权贵龙骧,英雄虎战,以冷眼视之,如蝇聚膻、如蚁竞血;是非蜂起,得失猬兴,以冷情当之,如冶化金,如汤消雪。

三九〇 真空不空，执相非真，破相亦非真。问世尊如何发付？在世出世，徇欲是苦，绝欲亦是苦，听吾侪善自修持。

三九一 烈士让千乘，贪夫争一文，人品星渊也，而好名不殊好利；天子营家国，乞人号饔飧，位分霄壤也，而焦思何异焦声。

三九二 见外境而迷者，继踵①竞进，居怨府，蹈畏途，触祸机，懵然不知。见内境而悟者，拂衣独往，跻寿域，栖天真，养太和，翛然②自得，高卑复③绝。何啻霄壤。

【注释】
①踵：脚后跟。②翛然：形容无拘无束。③夐：远。

【译文】
看到表面上的一些东西就迷失了自己，接着也跟着别人的脚步走，其实已经成为大家怨恨的对象，踏上了一条危险的征途，给自己带了祸害，还蒙在鼓里。明了自己的内心世界并已经悟道，抖抖自己的衣服独自行事，延年益寿，保持自己的天性，修养自己的元气，悠然自得，不分高低贵贱。这两种境界真是天壤之别啊！

三九三 性天澄彻，即饥餐渴饮，无非康济身心；心地沉迷，纵谈禅演偈，总是播弄精魄。

三九四　人心有真境，非丝非竹而自恬愉，不烟不茗而自清芬。须念净境空，虑忘形释，才得以游衍其中。

三九五　天地中万物，人伦中万情，世界中万事，以俗眼观，纷纷各异，以道眼观，种种是常，何须分别，何须取舍！

三九六　缠脱只在自心，心了则屠肆糟糠居然净土。不然纵一琴一鹤、一花一竹，嗜好虽清，魔障终在。语云：「能休尘境为真境，未了僧家是俗家。」

三九七　以我转物者，得固不喜失亦不忧，大地尽属逍遥；以物役我者，逆固生憎顺亦生爱，一毫便生缠缚。

三九八　试思未生之前有何象貌，又思既死之后有何景色，则万念灰冷，一性寂然，自可超物处而游象先。

三九九　优人傅粉调朱，效妍丑于毫端。俄而歌残场罢，妍丑何存？弈者争先竞后，较雌雄于指下。俄而局散子收，雌雄安在？

四〇〇 把握未定，宜绝迹尘嚣，使此心不见可欲而不乱，以澄吾静体；操持既坚，又当混迹风尘，使此心见可欲而亦不乱，以养吾圆机。

四〇一 喜寂厌喧者，往往避人以求静。不知意在无人，便成我相，心著于静，便是动根。如何到得人我一空、动静两忘的境界！

四〇二 人生祸区福境，皆念想造成。故释氏云：利欲炽然，即是火坑。贪爱沉溺，便为苦海。一念清净，烈焰成池。一念惊觉，航登彼岸。念头稍异，境界顿殊。可不慎哉！

四〇三 绳锯材断，水滴石穿，学道者须要努索；水到渠成，瓜熟蒂落，得道者一任天机。

四〇四 就一身了一身者，方能以万物付万物；还天下于天下者，方能出世间于世间。

四〇五 人生原是傀儡，只要把柄在手，一线不乱，卷舒自由，行止在我，一毫不受他人捉掇，便超出此场中矣。

四〇六 陆鱼不忘濡沫①，笼鸟不忘理翰②，以其失常思返也。人失常而不思返，是鱼鸟之不若也。

菜根谭

【注释】

① 濡沫：用唾沫来湿润。比喻同处困境，相互救助。② 翰：长而坚硬的羽毛。

【译文】

鱼到了陆地上仍能够相濡以沫而不忘互助，鸟进了笼子里仍能继续整理羽毛而不废旧习。它们尽管身处异境，却总打算返回到属于自己的地方。人若不能如此，那真是连鱼鸟都不如了。

四〇七 世态有炎凉，而我无嗔喜；世味有浓淡，而我无欣厌。一毫不落世情窠臼①，便是一在世出世法也。

【注释】

① 窠臼：比喻旧有的现成格式，老套子。

【译文】

世态有冷热之分，而我没有嗔恨和喜悦之别；世间的滋味有浓淡之别，而我没有欣喜和厌恶之分。一丝一毫不落入世态人情的老套子中，就是一种活在人世又超脱人世的方法。

四〇八 『为鼠常留饭，怜蛾不点灯』，古人此点念头，是吾人一点生生之机，无此即所谓土木形骸而已。

四〇九 家庭有个真佛，日用有种真道，人能诚心和气、愉色婉言，使父母兄弟间形体万倍也。

附录 《菜根谭》各版本序言

《菜根谭》序

余过古刹,于残经败纸中拾得《菜根谭》一录。翻视之,虽属禅宗,然于身心性命之学实有隐隐相发明者。亟携归,重加校雠,缮写成帙。旧有序文不雅驯,且于是书无关涉语,故芟之。著是书者为洪应明,究不知其为何许人也。

乾隆五十九年二月二日,遂初堂主人识

【据浙江古籍出版社1989年版王同策《菜根谭注释》之附录】

《还初道人著书二种》序

曩见日本复刻明洪应明《菜根谭》一帙,为我帮著录家所未见。甲子岁凤禹门将军藏书大出,得旧钞本,前有遂初堂主人识语,朱栏恭楷,类内府写本。己巳仲春,检查故宫图书,在景阳宫见一满汉文巾箱本,未著付梓年月。同时在厂肆得明刻《仙佛奇踪》八卷,亦应明所撰,与四库存录卷目小异。遂初主人谓:『《菜根谭》虽属禅宗,然于身心性命之学实有隐隐相发明者。』今与《仙佛奇踪》比而观之,一则世间法,一则出世法也。爰合印之,名曰《还初道人著书二种》,以广流传云。

庚午日长至涉园识

【据浙江古籍出版社 1989 年版王同策《菜根谭注释》之附录】

重刊《菜根谭》叙

善书之繁赜，同于圣经贤传，而人若不见者，端由溺于物欲，而不知其切于身心也。悲夫！善书之要，不外作德心逸，作伪心劳，与圣经贤传并行不悖焉。余不敏，未能探经传之奥。每得善书，必玩索焉。曩见节录《菜根谭》一册，奉为枕秘，辄以未获全书为憾。丙子春，居士杨净一设蔬笋之清斋，订芝兰之雅契。语传茶话，理悟莲因。时观如辩才，闭关于藏经禅院之西偏。净一偕余往见，颇有遗世独立之概。座中有三长老，一清梵，一月航，一为观如上人之师妙湛。清谈片瞬，尘虑俱空。观如出全编，授张博学翰臣，嘱寄同志，冀广流传。余歆然索之，亦授一卷。先是汪布泉居士，久藏此卷，未付剞劂。观如上人见之，即为倡首。净一继之，兼得多助，遂藏其事。昔真西山论菜云：『百姓不可一日有此色，士大夫不可一日不知此味。』罗景伦曰：『百姓之有此色，正缘士大夫不知此味。若自一命以至于公卿，皆得咬菜根之人，则当必知其职分矣，百姓何愁无饭吃？』余三复二公语，并绎原序，洵觉意味深长，隐合是书命名之旨。而善与人同之意，先后一辙，均属法门开士，亦良足异也。惟愿阅是编者，按其节目，味其旨趣，身体而力行之，不将跻斯民于仁宇哉！是为序。

光绪二年杏月中瀚海陵萍寄生储金栋识于邗上之清泰室

【据清光绪元年（1875）南京流通经处刻本《菜根谭》】

《菜根谭》叙

『菜羹布衲足居贫，勘落浮华不染尘』。此先中议公咏怀之作。余小子书诸绅，志诸简，用是治家服官，时以黜华崇实为务，罔敢失坠，贻前人羞。故鄙人服食起居，见之者诧其敝陋，而不知拳拳之意，已十数载如一日矣。岁丁酉来守秣陵，有僧让之，持洪先生《菜根谭》来谒。久之，复以附刻先公诗为请，兼乞余弁言卷端。余默识于心，旁午于簿书，未果也。今敬叙之曰：

呜呼！季世浮薄，人欲泛滥，其百十千倍于饮食者何限？盖德之不修，学之不讲者久矣！其始基于不清心寡欲，而极其弊，乃至嗜欲攻取，不可究诘，大则误国殃民，细则沦风败俗。需是之由，洪先生鉴之，故有《菜根谭》之刻。

夫菜根，味之至薄者也，境之至苦者也。人能甘之，则淡泊可以明志矣，流水可以励节矣；膏粱文绣，不足动其心；穷苦困厄，不足丧其守矣。尼山设教，必自不求安饱始；大禹图治，必自恶衣菲食始。昔人所谓『咬得菜根，万事可为』；又云：『性定菜根香。』又云：『百姓不可一日有此色，士夫不可一日无此味。』先公服官廿余年，退居林下，课读食贫，翛然自乐，比物此志也。夫若名誉者，佩服先贤、父师之训，而力不足以副之，宁不自愧？让之一介野僧，顾知洪先生书之善而珍之，又知先公诗之善而传之，讵非大善知识者哉？余既嘉让之之意之美，且喜书与诗之互证参观，可以流传于广永也，乃叙而付诸让之。

光绪二十有五年岁在己亥春正月人日，赐进士出身前翰林院编修候补道江苏江宁府知府桂林刘名誉谨撰并书。

【同上】

《菜根谭》序

《菜根谭》者,一名《处世修养篇》,余以今年一月东游日本,购之京都书肆者也。书为日本人竹子恭所释……前清末年,凡有志荣途者,无不籍东游为捷径,甚至政府亦标以品题,然其所考者,大都师范、法政、工艺、制造诸新法是已。余之东游,仅十日耳,既不能多所考查,多所购买,于阳明学派书二十种外,又得此篇。盖虽仅数十纸,不足以见学术之本原,然急功近名者服之,可当清凉散;萎靡不振者服之,可当益智膏。以此馈饷国人,似亦不无小补也……

孙锵 1915年

【据林家骊《洪应明与〈菜根谭〉》,《中国典籍与文化》1997年第一期】

《菜根谭》后序

乙卯之春,归自日本,购买《菜根谭》一书……印刷多次。而大儿海环,亦因友人索观众者,在成都依式仿印,不胫而走,几遍全国。此前世鲜见本,故海宁马绪卿先生亦以为书亡不知若千年也。其后吾浙人寓成都者陈君西庚书来,谓其与架上藏本,颇有异同。余因悟中国自有刊本,并未亡失,特当求之不广耳。既而购得常州天宁寺刊本,不分前后集,而有修省、应酬、评议、闲适、概论等名目,始之日本所谓《处世修养篇》者,使得各类而泛言之耳……后又购得金陵刻经处本,则分类与天宁寺本无异……

孙锵 1920年

【同上】

《菜根谭粹》序

《菜根谭》为洪应明先生所著,先生不知何许人。据前清乾隆三十三年三山病夫通理氏序文,谓岫云监院来琳,得之于不翁老人,且谓是书行世已久,纸朽虫蠹,由此观之,洪先生当是明末清初之人。前清光绪二年,观如和尚刻之于扬州。二十五年,大让和尚又刻之于江宁,而常州天宁寺亦有此刻。出家人刻之,出家人读之,实则所载者,泰半为世间法,而白衣转不甚购读,斯亦奇矣!又后附《娑罗馆清言》,为屠纬真先生所著,屠先生亦不知为何许人。初刻之于秀水,再刻之于豫章,又刻之于华亭。细按两书辞意,系似洪屠存菁。曰《菜根谭粹》《娑罗馆清言》,无知妄作之罪,知不免矣。

民国十三年一月萧屏书于金陵刻经处

【据民国十三年(1924)金陵刻经刊本《菜根谭粹》,无锡锡成驻宁印刷所代印本】

《菜根谭》序

中国宋代儒者任（按：应为汪）信民说：『人能咬得菜根，则百事可做。』明代的洪自诚就是根据这句话来为《菜根谭》取名的。书中阐述精神修养与处世要诀。遗憾的是关于洪自诚的经历，后世未能保留与流传。

通过《菜根谭》，我们可以得知作者非常精通儒、佛、道三教，他的阐述，每句话、每个字，均能充分发挥三教的精华。可谓千锤百炼，斑斓绚丽。此书确可算得是修养身心书中之冠了。特别是由近代名僧宗演法师对此书进行通俗、详细的解说之后，其价值更是无可比拟。

在近代思想浮华轻佻成风之际，充分领会超脱生死之境界的妙趣，可算是人生中的最大快事。以此为序。

福田雅太郎识

【据浙江古籍出版社 1989 年版王同策《菜根谭注释》之附录】